住房和城乡建设领域“十四五”热点培训教材

施工企业全过程造价管理及案例

凡一　祝慧芳　主编

中国建筑工业出版社

图书在版编目（CIP）数据

施工企业全过程造价管理及案例 / 凡一，祝慧芳主编．—北京：中国建筑工业出版社，2021.9（2023. 7重印）
住房和城乡建设领域“十四五”热点培训教材
ISBN 978-7-112-26482-7

Ⅰ．①施…　Ⅱ．①凡…②祝…　Ⅲ．①建筑施工企业–工程造价–教材　Ⅳ．①TU714

中国版本图书馆CIP数据核字（2021）第169454号

责任编辑：周娟华
责任校对：张惠雯

住房和城乡建设领域“十四五”热点培训教材
施工企业全过程造价管理及案例
凡一　祝慧芳　主编
*
中国建筑工业出版社出版、发行（北京海淀三里河路9号）
各地新华书店、建筑书店经销
北京雅盈中佳图文设计公司制版
建工社（河北）印刷有限公司印刷
*
开本：787毫米×1092毫米　1/16　印张：15½　字数：275千字
2021年10月第一版　2023年7月第五次印刷
定价：**48.00**元
ISBN 978-7-112-26482-7
（38025）

本书编委会

顾　问：庞宗琨　王　勇

主　编：凡　一　祝慧芳

副主编：江　亮　韩荣华　张智凡　张云华　李永新

编　委：袁明国　凌秀红　彭向东　王　鹏　段亮亮
吴晓晖　王　杰　柏广森　杨　帅　刘　伟
姚振锋　李　慧　蒋彩霞

前　言

造价管理是项目管理的一项重要内容，从项目立项的估算，到初步设计的概算，再到施工阶段的预算、结算，贯穿于项目的整个管理过程；造价管理又分不同的主体，有发包方的造价管理、施工方的造价管理等。不同的阶段、不同的主体，其造价管理的内容和侧重点是不同的，本书着重从施工企业的角度，结合大量的实践案例来论述施工企业全过程造价管理的核心内容，并侧重从管理体系建设的角度，而不是从纯业务的角度来进行叙述。

施工企业全过程造价管理的核心内容包括投标风险管理、变更索赔管理、企业内部定额和项目成本管理，这四部分内容是施工企业全过程造价管理的核心。这四部分内容之间相互联系、密切相关。

本书第一部分叙述了工程造价管理的基本内容、造价人员的职责和能力建设、造价管理与项目其他管理的内在联系，让读者对施工企业造价管理有一个全面的认识，而不是只局限于算量、套价，并且阐述造价管理不是独立存在的，而是与其他管理紧密相关。

本书第二部分是关于项目投标风险管理的内容，首先通过三个项目投标决策案例，讲述对投标风险要如何进行把控；接着，提出投标阶段的七大风险应对措施，进而分别从投标工作标准化流程、准确理解招标文件的范围和要求、可行性评审、投标团队选择、现场考察、投标组织六方面进行详细的叙述；最后，通过案例对投标报价和商务风险评估等内容进行了讲解。

本书第三部分以“变更索赔意向表”的案例来讲述工程变更索赔管理，首先，提出了工程变更索赔通常存在的5个误区，进而详细论述了工程变更的原因、范围、估价原则和程序，工程索赔的概念、分类、依据和内容，EPC合同模式下应由发包人承担费用的通用条款；接着，提出了施工企业最为关注的竣工结算问题，分析了竣工结算拖延的原因，提出了施工企业的 15 项对策，从而得出“想要加快竣工结算进展和提高竣工结算质量，就必须加强变更索赔管理和基础性管理工作”的结论，后面的章节分别从工程变更索赔的职责分工、内外部程序、合同谈判等方面讲述了如何加强变更索赔的基础管理；其次，列举了 4 个管理实例：合同交底是变更索赔的基础，策划是变更索赔工作的纲领，信息化是实现变更索赔良好效果的管理手段，竣工结算是变更索赔工作最终的成果体现；通过 8 个实践案例，为工程变更索赔的实际操作提供了借鉴；最后，总结了变更索赔的“38 字”法则，高度凝练了本部分的内容。

本书第四部分是关于企业内部定额和项目成本管理的内容，首先，讲述了施工组织设计和企业内部定额的关系、企业内部定额的工作要求和原则、企业内部定额基础数据的收集，并通过案例对企业内部定额编制进行了讲解；接着，回顾了项目成本编制的三个阶段，同时阐述了企业内部定额在项目成本编制和管理过程中的重要作用；对项目成本管理分别从成本管理体系建设、施工企业总部成本管理体系和项目部成本管理体系三个方面进行叙述；最后，从项目群管理、成本管理思维方面为读者开拓了项目成本管理的思路。

本书由凡一（全过程造价管理专家、内训讲师）、祝慧芳（石家庄市水利水电勘测设计研究院）、江亮 [北京盈科（合肥）律师事务所]、韩荣华（中铁第六勘察设计院集团有限公司）、张智凡 [北京大成（南宁）律师事务所]、张云华（陕西华烨东项目管理有限公司）、李永新（中国友发国际工程设计咨询有限公司）、袁明国（中电建生态环境集团有限公司）、凌秀红（上海宝冶集团有限公司）、彭向东（广州市恒茂建设监理有限公司）、王鹏（国铁集团工程管理中心）、段亮亮（海南吉盛工程投资管理股份有限公司）、吴晓晖（中建八局装饰工程有限公司）、王杰（四川开信工程造价咨询有限公司）、柏广森（国信云联数据科技股份有限公司）、杨帅（河南中裕燃气工程设计有限公司）、刘伟 [北京大成（长春）律师事务所]、姚振锋（上海金桥建设监理有限公司）、李慧（山西明业电力工程有限公司）、蒋彩霞（中旺建工集团有限公司）编写。在本书编写过程中，庞宗琨、王勇两位专家给予了宝贵的建议和意见，陕西华烨东项目管理有限公司对本书出版给予了大力支持，在此一并表示感谢。

本书在编写过程中，参考了一些专家、学者的研究成果和文献资料，在此向他们表示诚挚的感谢。由于作者水平、经历有限，敬请国内同行的专家学者批评指正，以便再版时予以修正，更好地满足广大读者的需求。

目 录

绪 论

施工企业全过程造价管理贯穿从项目投标、项目实施到竣工结算的整个过程，全过程造价管理中最核心的管理内容是投标风险管理、工程变更索赔、企业内部定额和项目成本管理。

回顾施工企业的发展历程，很多企业从原来单一的施工业务逐渐向专业多元化、承包方式多元化、经营模式多元化转变，在企业转变的过程中，企业管理的痛点是企业的基础管理和项目成本管理。如果基础管理和成本管理出现问题，肯定会影响到企业经营战略的选择和战略的再定位。一家施工企业要做到基业长青，不仅取决于这家企业的经营战略、经营网络有多强大，还取决于这家企业在市场上是否有足够的竞争力和持续的项目赢利能力。

拿投资项目来说，现在很多施工企业做的投资项目，通过施工利润来弥补部分后期运营的成本，如果施工利润达不到预期值，投资项目的全寿命周期成本就会出现问题，进而影响企业以后对投资项目的定位，所以项目成本管理的好坏直接影响着企业的经营战略定位。

现阶段，施工企业基础管理不进则退，加之市场竞争白热化的趋势，下游供应链成本的加大和专业人才的短缺、流失等现状，给施工企业的发展带来了极大的挑战。因此，现在很多大型施工企业又重提要加强企业的基础管理，从重视战略回归到重视基础管理、重视项目管理、重视项目赢利能力的提升。唯有“刀刃向内，修炼内功”才是施工企业根本任务。

施工企业全过程造价管理的 4 个核心内容，即投标风险管理、工程变更索赔、企业内部定额、项目成本管理，对施工企业来说，是最重要、最关键且又是最基础的管理工作。

防控风险、提高竞争力、增加收入、降低成本是这4个核心内容的根本宗旨。项目风险防控始于投标项目取舍和投标阶段的风险把控，项目成本管理是用最小的成本支出来实现合同目标，企业内部定额是项目成本管理和项目责任制考核的基础，工程变更索赔是弥补成本支出、增加收入的途径之一，这4个核心内容与项目管理的各专业密切相关，相互支撑、相互关联、互为因果，这4个核心内容之间也是紧密关联的。投标阶段的项目成本测算要依据自身的企业内部定额来完成；工程变更索赔策划应始于投标阶段，施工企业人员要认真研究招标文件中关于合同模式、工程变更索赔的条款，以便制定不同的报价策略；工程造价改革和企业自身的发展促使企业必须要建立企业内部定额，企业内部定额必须立足于自身的管理水平，但又要和同类型的企业进行对标，市场竞争是检验企业内部定额水平的试金石；项目成本管理的效果直接影响着投标的竞争力和市场经营的信心，进而影响企业的市场开拓和布局。

施工企业全过程造价管理不是简单地、分割地去做各项工作，而是要掌握各项工作之间密不可分的内在联系，只有这样才可以说是真正的全过程造价管理。

本书包含大量的管理创新、管理制度、管理总结和实践案例，希望通过本书的论述，施工企业可以通过运用全过程造价管理的手段和方法论，准确把握各项管理工作之间的内在客观规律，以实现企业精细管理、履约创效的根本目的，为企业的长远发展打下一个坚实的基础。

第一部分
工程造价管理概述

从项目管理方面说，工程造价管理是项目管理的一项重要内容，之所以说其占有核心位置，是因为工程造价与项目进度、质量、安全、物资、人力资源、机械设备、财务等紧密关联，涉及项目管理的方方面面。

从项目阶段来说，工程造价管理是全寿命周期管理，贯穿于项目立项、设计、招标投标、项目实施、结算管理、运营管理全过程。根据工程建设的阶段不同，工程造价可分为估算、概算、预算、拦标价、投标价、合同价、结算价、决算价。

对投资项目，要进行投资效益测算，评估项目的可行性；对EPC项目，要对不同设计方案进行经济比选；对投标项目，要计算项目的预算价格、成本价格，分析发包人的期望价格、竞争对手的价格，还要根据评分办法制定不同的投标报价策略。能否在投标中胜出，工程造价管理至关重要。

第一章 工程造价管理内容及造价人员的职责和能力

第一节　工程造价管理的内容

一、项目效益测算

很多施工企业在盈利模式上进行转型升级，实现了从施工承包商到投资商的转变，因此施工企业造价管理的内容包括从投资的角度对项目进行效益测算和评估。

二、设计方案经济性比选

EPC 项目对设计方案要进行比选，设计方案主要从设计、施工和经济性三方面进行比选，不同设计方案的概算编制、成本测算是造价工作的一项重要内容。

三、投标报价

投标是施工企业获取项目的主要途径。投标文件一般包括技术标、商务标和报价标。报价是造价工作的一项重要内容，报价的高低关系到项目能否中标和项目的效益。在投标阶段，可以适当使用一些不平衡报价技巧。

四、承包合同谈判

承包合同是项目实施的主要依据，是变更索赔的基础，在合同谈判阶段，对主要的合同条款不宜做过多的让步。

五、工程变更索赔

工程变更索赔始于项目选择、投标和合同谈判，贯穿于整个项目实施过程。工程变更索赔的及时性和质量水平决定着工程竣工结算的及时性和质量。

六、分包合同管理

分包商对承包商的索赔问题要引起高度重视，如果这个问题处理不好，可能会引起诉讼、被围堵等影响公司形象的事件，若再发展成为社会热点事件，则企业的损失不可估计。

七、工程竣工结算

竣工结算是施工企业的一个老大难问题，施工企业和项目部必须重视过程中的变更索赔工作，工程完工后按合同要求及时办理竣工结算。

八、项目成本管理

项目成本包括公司层面的责任成本和项目层面的目标成本，成本管理是造价管理的核心，项目成本与项目的各项管理工作密切相关。

九、企业内部定额

企业内部定额是施工企业编制和控制成本的主要依据，很多施工企业成本管理过于粗放的一个主要原因是企业没有成本控制标准，因此企业内部定额的建立和完善是施工企业必须提上日程的一项重要工作。

十、进度计划管理

从造价工作角度来看，进度计划涉及项目的成本管理和变更索赔管理，承包商的费用索赔很多是由于非承包商原因引起的计划调整，所以不管是工期索赔还是费用索赔，进度计划管理是变更索赔的重要依据。

第二节　造价人员的职责和能力

一、造价人员的职责

（1）建立项目经营管理工作制度。

（2）编制项目年度经营工作计划。

（3）项目经营信息的收集、跟踪、分析。

在很多施工企业，造价工程师根据职责分工，可能要承担一部分经营管理工作，经营管理是造价工程师晋升途径之一，所以，造价工程师有机会的话，要多参与经营和投标工作。

（4）负责工程投标报价及投标成本编制。

（5）负责承包合同谈判。甲乙双方在合同谈判阶段的博弈，直接影响着变更索赔的成败。

（6）负责责任成本的编制。责任成本由施工企业总部编制，是企业考核项目经济效益的主要依据。

（7）负责目标成本的编制。目标成本由项目部编制，是项目内部成本控制的依据。

（8）负责变更索赔的策划。这是变更索赔实施的第一步，变更索赔要策划先行。

（9）负责承包合同、变更索赔、目标成本等管理方面的交底。

（10）负责过程中变更索赔的具体工作，每月主持召开工程变更索赔会议。

（11）负责项目成本管理工作，每月主持召开项目成本分析会议。

（12）根据施工经验、历史数据、企业定额等，合理确定分包价格，负责分包合同的谈判、签订和过程管理。

（13）负责工程材料、机械租赁、分包价格的信息收集。

（14）负责企业内部定额数据的收集、整理、分析、确定和标准的建立。

（15）负责计划统计工作（有的公司有单独的统计员），掌握施工进度，按要求上报周报、周计划、月报、月计划，并能够发现、分析进度计划的偏离原因。

（16）负责办理分包工程月度结算和分包工程结算，并按时提供给项目财务部门。

（17）负责业务台账的建立和管理，有书面和电子存档两种形式。

（18）参加技术交底和方案讨论会，从方案的经济性和变更索赔角度提出意见和想法。参加生产调度会，记录资源投入、施工进度和措施项目等，为成本核算、变更索赔积累相关原始资料。

（19）负责及时办理已完工程的竣工结算，配合发包人进行审计。

（20）做好投标报价、成本控制、变更索赔的总结。

这20项职责中，投标风险管理、工程变更索赔、企业内部定额、项目成本管理是施工企业全过程造价管理的核心，也是项目管理的核心。

每个企业的管理对工程造价的管理职责会有所不同，但一个优秀的造价工程师必须有能力胜任以上工作，并要主动地去参与并争取更多的机会。笔者建议大家只要有机会，应该到大型的项目上去实践、去锻炼。你参与得越多，你的能力提升得越快，你的成长空间才更广阔。

综上所述，造价工程师的核心工作包括投标风险管理、工程变更索赔、企业内部定额、项目成本管理。除了这些工作外，造价工程师还会遇到很多“事务性工作”。在实际工作中，造价工程师如何去做这些“事务性工作”呢？

不论在公司部门还是在项目上，造价工程师通常会做很多自认为是事务性的工作，在这些工作中你怎么去做、以一种什么态度去做，可能会影响你的工作效率和工作成效，以至于影响以后的职业发展。

这里面有个认识问题，之前，笔者也认为项目上的计划统计工作不是很重要，有时给公司预算员培训的时候，会给大家说不要浪费太多时间在计划统计工作上，但是随着工作阅历的增加，觉得当时给预算员传导的思路、认识是存在问题的。

1. 计划统计

计划统计工作包括很多报表，周报、月报，报送的对象包括监理、发包人、总项目部、公司部门等，有时由于报送的对象不同，报表中的数据还需进行调整，可见报表确实需要花费很多时间去填报。

但是，正是填报的这些计划统计报表，是反映项目管理水平的一个“晴雨表”，如果认真对待的话，可以学习到很多项目管理的内容：第一、进度计划是项目管理的一个重要内容，关系到合同履约，关系到节点的奖罚，关系到项目的成本；第二、进度计划延误，可能分三种情况：外部条件变化、发包人的原因和施工方的原因，而外部条件变化和发包人的原因正是工程索赔的基础；第三、计划的制订要依据所投入资源的数量和工效来确定，这些投入和工效正是计算项目成本的主要依据。

项目上这些看似事务性的工作，如果造价工程师用心地对待，时间久了、积累多了，将是你宝贵的财富。

2. 分包结算

有时，谈分包合同、分包结算占用的时间会比较多；有时，分包商在你的办公室一坐就是半天，其实分包商的诉求无非是价格、数量和一些签证。

你想了解项目的真实成本吗？你和分包商谈分包合同和分包结算的时候，便可以剥茧抽丝，把每个分项的成本分析得清清楚楚，分包商和你谈分包价格，必然会把他自己的投入给你讲清楚，可能会有一些水分；但相比你套定额，分包商提供的数据会更接近实际。

分包结算的谈判正是检验签订的分包合同是否存在漏洞的过程。如果真的存在漏洞，你可以在以后签订分包合同的时候进一步完善，规避你作为总包的一些风险，以防止或减少反索赔的发生。

分包结算谈判也是检验项目管理水平的一个过程。为什么会有那么多签证？为什么会有很多窝工补偿？为什么有的签证存在分包商起诉的风险？这些问题都需要造价工程师对项目管理中存在的问题深刻反思，从而在以后的项目管理和规范化管理上进行完善。

二、造价人员的能力

一个优秀的造价工程师一定是项目经理的好参谋，善于在繁杂的数据中推断出合理的结论，提出解决问题的思路和方法；善于协调各方面的关系，利用自己的能力或借助外力，包括借助项目经理的力量；善于积累外部资源，外部资源能够为我所用。

一个优秀的造价工程师，应该不断学习，不断在实践中锻炼成长。虽然每个人的环境、天分、机遇不同，但能力和素质的提升，主要靠自己的努力。你一旦具备了足够强的能力和气场，你就会如鱼得水，找到自己的位置。机会总是垂青有准备的人。造价工程师需要具备哪些能力，拥有哪些优良素质呢？下面给大家作一个分享。

1. 精通全面的造价业务知识

它包括经济效益评估、技术经济分析、概预算、行业定额、企业定额、项目成本、变更索赔、国内外合同范本等。

2. 熟悉造价相关知识

它包括工程技术、生产组织、劳务、物资、设备、政策、法律、规划、设计、投融资、拆迁评估、地产评估、财务、税务等。

3. 全面掌握内外资源是造价工程师能力的充分体现

它包括企业内部资源、外部竞争资源、外部互补资源等。造价工程师需要有整合资源的视野，要有共赢的意识。

4. 良好的沟通能力是关键

沟通能力和业务能力缺一不可，成功的工作 = 过硬的业务素质 + 良好的沟通能力（智商 + 情商）。

1）六方面的沟通

（1）与公司业务主管部门和业务主管领导的沟通：一个项目上的预算员，总去公司办业务，业务流程熟悉了，与公司部门的领导和人员也熟悉了，这是一种综合能力的表现。

（2）与项目部内部人员（包括项目经理、副经理、总工、生产、技术、物资、财务、人事、机务人员、现场师傅等）的沟通。

（3）与其他项目部造价工程师的沟通，相互交流业务和经验，这是横向的一种沟通，取长补短、相互借鉴。

（4）与设计、监理、发包方人员的沟通。

（5）与咨询单位、审计单位、定额站的沟通。

（6）与其他方面的沟通，比如与分包商、材料商的沟通。

这六方面的沟通对造价工程师来说是很关键的，特别是和设计、监理、发包方打交道，沟通的技巧必不可少。

施工企业的造价工程师和监理打交道是比较多的，项目上的工程量计算、计量、变更、索赔、结算都需要通过监理上报给发包人，都需要监理出具审核意见。

印象比较深的一件事情是一个公路项目的计量，公路项目的计量比较规范，与国际工程有类似之处。施工单位在报送月度计量的时候，需要报送每个分项的验收、检验资料，原来没有做过公路项目的施工单位可能就存在诸多的不适应，工程做了，资料不能同步，计量没有依据，工程款收不到。

这个项目是我们第一次做的高速公路项目，各方面管理均存在很大的不适应性。月度工程计量一般截止到当月 25 号，项目开工前几个月，检验批次资料做不完或者做得不规范，每次都到最后才具备提交条件。那段时间监理还较负责，只要是施工单位报过来，他们加班加点、不管多晚都会进行审批。

笔者认为，施工单位和监理的分歧，施工单位的原因多一些，比如说施工单位内部管理不规范、对规则不熟悉、想多争取一些利益等。

正是因为国内项目管理上的这些不规范，才使合同主体在很多行为上不规范，有些施工企业走出国门后，总感觉国外的咨工管理严格，其实最主要的问题还是企业自身的管理和认识问题。

2）沟通的方式

（1）正式的沟通

用管理制度来确定管理程序和管理流程，造价工程师要通过建立可操作的管理制度来保证工作目标的实现，要学会建立制度，为开展工作创造条件。

（2）非正式的沟通

管理制度以外的沟通。非正式沟通也是很关键的，有些时候比正式沟通效率要高，达到的效果要好。现在的施工企业中，虽然有很多的管理制度和管理程序，但普遍存在执行力不强的现状，所以非正式的沟通渠道显得更重要。

举个例子：有些图纸变更通知单或会议纪要应通过资料传递的程序到造价工程师手上，这是程序；但实际的情况往往并不是这样，这就要求造价工程师去主动获取这些资料，这就是非正式的；还有，每个月的分包结算，造价工程师应该按时提供给财务，但很多时候是财务主动找造价工程师去要，这也是非正式的沟通。

沟通这门学问已超出了本书的范畴，但在实际工作中，我们的工程师朋友要多注意这方面的学习，认真研究沟通对象的工作经历、经验、心理、性格、爱好，这些信息都是很重要的。

5. 综合分析能力是高业务水平的充分表现

造价工程师善于在繁杂的工作中梳理出清晰的思路，善于引导别人，特别在汇报决策、方案选择、合同谈判、资源配置、变更索赔等方面，思路要清晰，把具体工作成果分析清楚，让领导、谈判的对方看懂你的分析，不但自己明白，更应让别人也明白。

6. 严谨、细致的作风是造价工程师坚实的基石

这一点是实实在在的务实，造价工作必须严谨、细致，工作没有太高难的要求，但标准很高。所以，造价工程师对自己的成果要有信心，不是盲目的自信，要经得起推敲。每一个数据要有出处，忌讳反复无常。

7. 开放视野、站位高远是造价工程师进阶的思维方式

踏踏实实做业务是立身之本，但也要综合考虑问题，要有大局观。造价工程师若能把自己的业务放到整个项目、整个公司角度来考量，一定会促进你自身业务和能力提升。在工作中要对自己有一个比较高的定位，例如把自己放在商务经理、项目经理或公司部门负责人的位置上，你会如何开展工作？时刻以这样高一点的定位来想问题、处理问题，一定会受益匪浅。但踏踏实实地工作还是必需的，不能好高骛远。

8. 国际视野是造价工程师发展的方向

随着“一带一路”倡议的实施，施工企业都有可能要走出国门，造价工程师若早储备国际工程的知识，定会受益匪浅。

9. 积极参加执业资格考试是造价工程师必需的“敲门砖”

考试是理论和实践的有效结合，更是丰富自己知识全面性的重要途径。通过学习和考试，一个造价工程师的知识面会更广，看待问题的角度会更宽，从而能提高自身的“含金量”。

10. 重视语言的学习

既然要走出国门，语言的重要性就不言而喻了。造价工程师可以利用碎片时间学习英语，可以报语言班进行学习，也可以读一些外文资料，提高语言能力，了解前沿知识，可能会给你带来意想不到的收获！

第二章
造价管理与其他管理之间的联系

项目管理包括进度管理、质量管理、安全管理、成本管理、物资管理、机械管理、合同管理等内容。在项目管理过程中，各专业存在着相互的联系，造价工程师不能只局限在自己的专业范围内开展工作，还要学习其他相关专业知识，与其他专业人员密切配合，这样不仅能极大丰富自己的业务水平，还能使自己快速发展成为复合型的管理人才，加快自己成长的速度。

进度管理、质量管理是承包商对发包人的承诺，项目效益是承包商在满足工程进度、质量、安全前提下的基本追求，因此承包人在考虑各项管理工作的同时，首先要想到效益，想到项目的利润。这是企业的根本，也是承包商开展各项管理工作的目的。

第一节　造价管理与进度管理的联系

合理的施工组织计划和资源配备与项目造价密切相关。如果施工计划前松后紧或者生产安排不合理，势必造成抢工期而增加资源的大量投入，增加项目的成本。这种因为承包商造成的成本增加是不可能向发包人索赔的；反而，如果进度拖延，承包商还会面临发包人的反索赔。

造价工程师如果要逐渐走向项目管理的岗位，那么在制订施工进度计划、配置项目资源时，就必须统筹考虑项目进度和项目造价的关系，不能顾此失彼。

【例2-1】

发包人要求合同工期提前，第一件事就应该想到因为工期提前，势必会相应增加资源的投入，成本必然会发生变化。造价人员就必须书面向发包人提出工期索赔和费用索赔，必须要有索赔意识。

【例2-2】

在某工程的施工中，项目要配置起重设备。根据现场情况和项目特点，塔式起重机、轮胎式起重机、履带式起重机都可以满足施工要求；同时，可以考虑购置，也可以考虑租赁。在配置起重设备的时候，在满足进度安排的前提下，项目管理人员要对配置方案进行经济比较，选择成本较低的配置方案。

第二节　造价管理与技术管理的联系

技术管理是造价管理的支撑。工程量计算、图纸的变更、验收资料的报验、工程业务联系单、会议纪要等，都是工程变更索赔的主要依据；项目临时工程、临时设施的规划、施工方案的选择、模板的设计等，都是影响项目成本的关键因素。

项目成本的降低、变更索赔的实现，均是通过技术手段来实现的，所以项目成本控制、工程变更索赔的关键是技术。

因此，技术人员必须要懂得预算、成本、索赔的基础知识。造价工程师必须学习施工技术知识，这样才能弥补不足、补齐短板、快速成长，才能够为你所在的公司创造更大的价值。

【例2-3】

某工程竣工结算时，甲乙双方对工程量计算存在分歧，发包人要核减结算金额400多万元。项目部就把当时的技术经办人员找来，与发包人逐项核实。根据施工过程中积累的测量数据和计算底稿，技术经办人员与发包人人员据理力争，通过一周的努力工作，终于把发包人核减的400多万元争取回来了。事后，商务经理与这个技术员聊天，技术员说这次工作很有成就感，很自豪，自己都没想到，通过平时工作的积累，几张原始记录和几页施工日志会为公司赢得这么大的回报。

例如，在某项目管理过程中，由于技术资料不全、业务流程不顺畅、资料签认不及时导致项目效益流失，有理由从发包人那里能索赔回来的费用却因此都要不回来了。

通过以上正反面的例子说明，项目管理人员都应该具备变更索赔、成本降低的意识，并且用自己精湛的业务水平和能力去实现项目成本降低和变更索赔的目标。

技术人员学造价，造价工程师学技术。刚毕业的造价人员，要学习施工技术知识；造价工程师要按时参加项目的生产调度会、技术方案讨论会、监理发包人例会等；技术工程师要学习施工图预算、项目成本的编制、合同管理、成本控制、变更索赔等方面的知识，要主动研究合同条款；技术工程师编制分项施工方案时要附相关成本；技术工程师要参加成本、索赔策划和分析等会议。

【例2-4】从商务角度处理项目进度和项目技术问题

我在一个项目上做商务经理的时候，同时负责那个区域的经营投标工作。那时，项目经理大胆放权，项目管理的具体事情都放手让大家去做。当时，项目上有生产副经理、项目总工等，我是商务经理，大家各司其职，这样项目管理起来比较顺畅。

在进行 PHC 桩施工的时候，由于地质条件变化，很多桩打不到设计标高。项目总工经验不足，要求桩基分包商必须将桩打到设计标高，这对施工进度产生了很大的影响，导致耽误了一周左右的时间。分包商产生很多抱怨，并提出索赔要求。

那几天，我正组织一个新项目的投标。当我得知此事后，又详细地看了一下技术规格书。据我所知，PHC 桩是按设计标高和贯入度进行双控的，果然技术规格书就是这样要求的。我立即和项目总工电话沟通，让他组织设计、监理、发包人开会共同研究 PHC 桩的验收标准。在会上，项目总工汇报了遇到的实际情况，设计单位同意对打不到设计标高的 PHC 桩按贯入度进行控制。

这个问题其实是一个技术问题，但很多时候，项目上的技术人员对合同文件（包括技术规格书）研究得不够，或者根本就不看合同，漠视合同中的技术要求，这给工作带来很大的被动。另外，项目上遇到问题要及时沟通，这也很关键。

第三节 造价管理与财务管理的联系

在工作中，造价管理与财务管理的联系是比较紧密的。造价工程师要懂得财务核算的基本知识，财务人员也应懂得预算知识。

财务人员根据工程进度和目标成本单价核算每月的收入，对项目成本进行归集和核算，对比项目实际发生成本和目标成本，提出管理中存在的问题和应该采取的改进措施，并及时反馈给项目经理，以便在下一阶段的施工时进行改进。

财务人员通过财务核算及分析，可以发现工程变更索赔点，及时提醒造价工程师准备工程变更索赔，同时为变更索赔提供真实的成本支出数据。

造价工程师要及时与发包人办理月度计量和项目竣工结算，为财务回收工程款提供依据。造价工程师每月按时把月度计量和分包结算提供给财务，以便财务人员准确核算项目的成本。同样，财务人员和造价工程师一样也要熟悉工程技术知识和施工组织，成为项目管理的好参谋。

第四节 造价管理与物资管理的联系

材料费占整个造价的比例较高，材料费计算的准确性及材料采购成本的降低直接影响项目的成本。造价工程师在编制投标报价和成本预算时，需要材料员提供实际材料采购价格，材料价格的准确性和变化趋势预测是影响项目成本准确性的关键因素。

一、承包合同中的甲供材料

对承包合同中约定的甲供材料的供应方式、供应地点、验收责任、保管责任、损耗等条款，造价工程师需要给材料员做好交底。

在施工过程中，材料员要建立甲供材料台账，造价工程师和材料员至少每月对甲供材料计划用量和实际用量进行对比，如果实际用量超出计划用量，要及时分析，找出原因，以便改进。

如果甲供材料供应不及时，承包商要及时发送业务联系单给发包人，提出工期延误的可能，如果发包人同意先由承包商自行采购一部分甲供材料的话，承包商的造价工程师和财务人员要及时向发包人做好相应资金的申请，并对自行采购的甲供材料数量与发包人进行确认。

二、承包合同中的调价条款

对承包合同中约定的材料调价，造价工程师需要和材料员做好沟通，以便材料员与供应商协商如何开具发票等相关事宜，为材料调价索赔做好策划和基础工作。

三、分包合同中的甲供材料

分包合同是包工不包料的模式，承包商与分包商签订分包合同后，造价工程师对分包合同约定的甲供材料的供应方式、领用程序、领用人、损耗等向材料员做好交底，否则材料员对分包商的材料发放不清楚，极有可能造成损失。

四、承包商代分包商采购

通常分包合同约定分包商自行采购材料，但在有些项目上，因种种原因存在承包商代分包商采购材料的不正常现象，承包商的材料员必须及时把代采购的材料明细和费用提供给造价工程师，造价工程师在对分包商办理结算时将材料费用进行扣除，分包商对承包商代采购材料的数量、价格、质量等要进行书面确认，另外，分包商还应该承担代采购材料的保管费用和财务费用。

五、物资采购合同

大多数造价工程师兼合同管理员，有些物资买卖合同也由造价工程师来起草，出于专业方面的考虑，造价工程师起草物资采购合同的时候，一定要和材料员沟通，一并起草，这样有利于合同的严谨性。

第五节 造价管理与质量管理的联系

一、质量管理和成本管理存在的两个误区

误区一：习惯于强调工程质量，对工程成本关心不够。工程质量虽然有了较大提高，但增加了提高工程质量所付出的质量成本，经济效益不理想。

误区二：片面追求赢利，而忽视质量。质量出现问题，造成返工，因而付出额外的质量成本，既增加了成本支出，又对企业信誉造成很坏的影响。

二、以最低的成本达到项目的质量要求

承包商必须严格按设计文件、施工规范和质量验收及评定标准的要求进行施工；强化质量意识，正确处理成本与质量之间的关系，不要为搞创优进行超标准施工而增加成本的支出，也不能片面地为降低成本而导致工程质量的低劣，只有按技术、组织与经济规律办事，才能做到以最低的成本实现合同确定的质量目标。

在施工过程中，要采取防范措施，消除质量通病，做到工程一次成型，一次合格，杜绝返工现象的发生。有些项目的临建规模做得很大、很豪华，还有些项目对质量提出过分的要求，这些都是错误的做法。

第六节 造价管理与安全管理的联系

当项目安全生产正常运行时，项目成本处于受控状况；当安全生产出现问题，随着事故的发生而导致的人员伤亡所需的费用支出，以及由于事故发生而造成的停工、材料用量的加大、工期的延误，都必然对企业的成本、利润产生极大的影响。大的事故的出现甚至会使企业走向终结。

另外，安全事故的发生会使发包人方感到承包商内部管理混乱，缺乏安全感和可信度，直接影响企业的商业信誉从而改变双方良好的合作关系，导致工程项目合同难以续签，最后承包商无法承揽后续工程项目等，使承包商面临困境。

【例2-5】佛山地铁坍塌重大事故

2018年2月7日，广东省佛山市轨道交通2号线一期工程土建一标段，湖涌站至绿岛湖站盾构区间右线工地突发透水，引发隧道及路面坍塌，造成11人死亡、1人失踪、8人受伤，直接经济损失约5323.8万元。调查组对33名责任人员提出了处理意见：其中，免予追究责任1人（已在事故中死亡）；公安机关已对2名企业人员立案侦查并采取强制措施；对16名央企相关人员、2名地方企业相关人员以及11名地方政府及其相关职能部门的公职人员相应的党纪政务处分和问责处理；另案处理1人。

由安全监管部门依法对事故施工单位及其主要负责人实施行政处罚，由佛山市交通行政主管部门依法对事故劳务公司、本标段的监理公司违法行为做出处理。

第二部分
项目投标风险管理

工程建设从业人员大多会经历项目投标。投标时有开标时的忐忑、有胜出的喜悦，也有痛失机会的遗憾。投标中投标人员必须有谋划、策略、细心、担当，能够承受各方的压力，每一次投标的经历都是人生的财富。

投标管理中出现的一些现象如下：

（1）在投标报价中，20%或20%以下的分项工程占了80%的造价；

（2）投标文件的施工组织设计中只有20%是有针对性的，其余80%都是通用的描述；

（3）一般投标项目如果采用综合评标法，技术标和报价标（包括商务标）的评标分占比通常是2 ：8的比例；

（4）投标项目能否中标，80%在工夫外，20%在于投标文件的质量；

（5）统计一年的投标数据，中标率能够达到20%就很不错了；

（6）在投标项目中，20%的投标文件中总会出现大大小小的错误；

（7）80%的项目投标报价在投标截止时间的前一天确定；

（8）至少需要花费20%的时间来研究招标文件、现场考察、投标策划及研究主要竞争对手的报价策略；

（9）一个重点项目的投标，80%的时间都在加班；

（10）80%的项目，开标前夜都会通宵达旦。

第三章
投标决策案例

第一节　两个项目投标决策案例

【例3-1】弃标

2000年左右，高速公路建设进入一个高速发展期。一家施工企业主要从事水利方面的建设，由于水利项目面临着市场的萎缩，这家企业尝试公路和其他方面的转型。

那时候这家企业对高速公路投标的规则也不太熟悉，看到报纸上登载的招标消息，就开始组织人员进行现场考察和参加标前会。

当时这家企业的项目部参与了一个浙江的高速公路项目的投标。项目开标后，报价是第一标，这时候项目部才把项目报到企业总部，经过公司总部专家的评审，认为报价低于项目成本，存在较大的风险。那时候比较流行先中标后索赔，但能不能索赔回来谁都不知道。

通过权衡，这家企业决定放弃这个项目，由于项目还没有正式授标，所以还有回旋的余地，正好第二标的公司还想拿这个项目。在那时候大环境不景气的情况下，能够实事求是、主动放弃这个项目，也彰显了这家施工企业的务实作风。

【例3-2】忐忑

某海外项目，国内一家企业在东南亚一个国家投资一个电厂，承包商A参与了这个项目的基建项目投标，一共有3家企业参与投标，都是中资企业，项目开标后，其他两家报价均在7200万美元左右，承包商A报价5300万美元。

项目开标后，承包商A怀疑是不是投标中存在重大理解偏差或者有什么重大失误，不然差距怎么会这么大，并且另两家投标单位的价格又那么接近。

在分析的过程中，有一个问题存在较大的不确定性，护岸、海堤需要大量的石料进行回填，承包商A选用的是就近的一个石山进行开采，开采的石料能不能满足招标文件技术规格书要求，有些异议。除了这个情况外，都认为其他不会有什么问题。

现场考察的时候，承包商A对石料进行了试验检验，但投标前没有出结果。开标后，正好检测结果也出来了，确定满足技术规格书要求，从而也确认成本和报价不存在风险。后来项目完工后，项目实现了预期的利润，承包商A也从此参与这个国家的工程项目建设，一直到现在还有项目在施工。

经历过投标的人员，对上述两个案例，理解会更深刻一些。投标是要经受考验的，价格高了中不了，低了存在风险，这种权衡需要做标人员、考察人员提供的数据来做支撑，需要管理者进行综合判断和决策。

第二节　某项目投标决策案例

对施工企业来说，通过投标在市场上能够拿到项目是第一位的，发包人也通过招标投标的方式选择施工企业，而建筑市场从来都是狼多肉少的竞争态势，市场搏杀的激烈程度可想而知，因此，施工企业能够在众多的投标者之中胜出，实属不易，需要过程中艰辛的付出，决策时百般的纠结，开标后望眼欲穿的等待。很多施工企业会在接到中标通知书的那一刻，拉条幅、放鞭炮，给职工发奖金，不仅是为了庆祝项目中标，更多的是鼓舞企业职工的士气。所以，中标对施工企业来说有着巨大的诱惑力，但有些项目往往在这个时候就掉进了陷阱。

有一个大型地产开发的配套项目，主要内容是开发区域内的综合市政项目，包括区域内的道路、桥梁、管网、河道整治、绿化等，发包人分两个标段进行招标，两个标段的内容基本相同。A施工企业是一家大型的省直属公路施工企业，本次招标的项目就在A施工企业所在的省会城市。

一、投标决策

招标投标开始的时候，A 施工企业对项目和发包人进行评估，以决定是否参与项目投标。经评估 A 施工企业认为项目主要存在两种风险：一是付款风险，项目发包人是一家民营企业，合同付款条件是这样约定的：工程款按工程进度的 75% 支付，完工一年内支付到 80%，完工两年内全部支付完成，对合同约定的工程款不能按时支付时，发包人不承担利息；二是资源风险，类似这样的市政项目也非 A 施工企业的优势项目，自有的专业人员和机械设备也不足。

本项目就在 A 施工企业所在的城市，如果中标，施工管理较为便利，能够增加 A 施工企业的影响力，完成其年度经营目标；如果放弃投标，那就觉得太可惜了。最后，A 施工企业决定利用一部分分包资源，只对标段 1 进行投标。

二、带条件投标

投标时，A 施工企业决定带以下两个商务条件进行报价：一是付款必须达到工程进度的 85%，工程完工后支付到 95%，质保期 1 年后，支付剩余的 5%；二是对发包人违约支付工程款进行了约定。

三、第一轮谈判

投标文件递交后，A 施工企业的报价和方案评分最高，被确定为第一中标候选人。发包人和 A 施工企业进行谈判，如果 A 施工企业不带条件，并能够接受招标文件约定，标段 1 就能顺利授标。这时候发包人抛出一个大橄榄枝，A 施工企业面临着巨大诱惑。

A 施工企业随后与参与投标的分包商们进行谈判，把同样的条件抛给几家分包商，分包商们经过权衡表示可以接受。A 施工企业决定接受发包人提出的全部条件。

四、第二轮谈判

此时，发包人通过对两个标段的评标，认为如果把标段 2 也交给 A 施工企业的话，按照 A 施工企业标段 1 的单价体系计算标段 2 的价格，再降低一部分管理费，和标段 1、标段 2 各选一个中标企业相比较，发包人的成本至少能够降低 3%。为此，发包人和 A 施工企业进行第二轮谈判。

由于 A 施工企业没有参与标段 2 的投标，发包人给三天时间让 A 施工企业进行测算，如果两个标段价格在发包人给出的价格范围内，就可以把两个标段都授给 A 施工企业。发包人抛出了又一个大橄榄枝，A 施工企业又面临着诱惑。

A 施工企业详细计算标段 2 的价格，三天时间根本来不及，只能套用标段 1 的单价计算标段 2 的价格，再加上两个标段的资源统筹，核算出的价格满足发包人提出的要求。另外，A 施工企业觉得可以通过分包商进行部分风险转移，最终 A 施工企业按照发包人的付款条件和违约责任条款，和发包人签订了两个标段的施工合同。

五、项目实施

在项目实施的过程中，原来评估的付款风险果然发生了，发包人资金不到位，不能按期支付工程款，分包商的承诺也形同虚设；同时由于标段 2 地质条件和标段 1 也存在很大的不同，虽然施工的项目差不多，但标段 2 的措施费用比标段 1 多出很多。由于时间仓促，标段 2 中的很多措施项目没有识别出来。

随着发包人抛出一个又一个橄榄枝，A 施工企业对风险的把控也一步步地降低了要求。面对激烈的市场竞争，这可能也是众多施工企业的无奈之举，但建议对一些原则性的条款还是要坚持，并采取谨慎的态度。

第四章 投标风险应对措施

第一节　七大风险应对措施

施工企业想在招标投标中胜出，投标报价必须要有一定的竞争力，虽然现行的很多评标办法规定不一定是最低价中标，但在其他方面都差不多的情况下，发包人还是倾向于报价较低的施工企业。施工企业人员有时候开玩笑：谁对投标项目了解得越清楚、谁考虑各方面的影响因素越多，谁的成本可能会越高，从而投标报价就可能越高，就有可能中不了标。

这其实说的是投标风险和投标竞争力的一个辩证关系，施工企业在投标阶段既要考虑各种风险，又要考虑如何把成本降下来，如何进行权衡是对施工企业能力和水平的一种考验，特别对一些新区域、新领域的投标项目，更需要作出综合判断。

拿到投标文件后，施工企业做的第一件事就应该对投标项目的风险进行识别，只有识别出了风险，才可能在现场考察、施工方案编制、内外部专家评审等环节中采取具体措施来有效应对。

一、建立投标项目风险库

施工企业应收集以往投标项目和实施项目过程中遇到的各类风险和问题，并根据项目类型、评审内容等进行分类，建立和逐步完善投标项目风险库。

二、内部专家进行评审

施工企业应建立公司内部专家库，专家根据他们的经验和认识，提出应对风险的措施。同时，施工企业的投标部门也要配备齐全相关的生产组织、技术、造价等方面的专业人才。另外，如果有从事类似投标项目的项目团队介入投标，那么风险的应对方案和措施会更加地切合实际。

三、借助外部专家

施工企业对于自己不熟悉的领域，不要闭门造车。如果一个施工企业擅长做公路项目，现在有一个水利项目的投标，施工企业根据自身的情况，引入外部水利方面的专家，还是很有必要的。这样不仅借助了专家的个人专长能力，还借助了专家在业界的影响和掌握的资源，好处显而易见。

四、外部资源的掌握

这里的外部资源包括投标项目所需要的工、料、机资源，专业分包商资源，专业机械设备（船舶）供应商等。施工企业掌握的外部资源越多，对风险越能够作出更专业的判断。

【例4-1】

A施工企业参与一地基处理项目投标，这个项目采用深层水泥搅拌桩（DCM桩）的设计方案，由于施工现场还有限高的要求，需要低净空双轮搅拌机进行施工。A施工企业没有类似施工经验，就找到了上海金泰和德国宝峨这两家机械设备供应商。他们进行了多轮的谈判，对DCM桩的工艺、设备工效和地质的匹配、设备价格、耗品、后期培训和服务等进行了详细的交流、座谈。项目中标后，A施工企业虽然原来没有做过类似项目，但有专业设备供应商的支持，还是取得了较为满意的效果。

五、现场考察

详细的现场考察是投标风险防控的基础，特别是在铁路、公路等大型项目的投标阶段，对大宗材料的考察、洽谈和模式选择尤为关键，必要时要对大宗地材、石料场等进行勘察试验工作。

六、风险需要量化

施工企业需要对风险进行量化，量化不是按系数进行估算，而是识别出风险项后，制订具体的应对措施，并对每项风险进行量化计算。

【例4-2】

对材料价格上涨风险的考虑，施工企业要分析主要材料的价格变动趋势，根据项目工期和预计的每年上涨幅度计算出每种材料的涨价风险。

【例4-3】

征地拆迁（以下简称征拆）不及时带来了履约风险和窝工风险，施工企业要根据施工作业工作面预计的移交时间，从工期安排、资源组织上进行综合考虑，可能的组织方式是：前期投入部分资源，不至于造成大规模的窝工发生，等征拆工作可控后，再加大资源的投入，施工企业对风险的量化是体现在进度计划安排和资源的策略性投入上，进而据此确定较为真实的项目成本。

七、风险需要决策

风险决策需要施工企业的决策者来做出，做标的具体人员只需对风险项进行量化，并单独列出，至于考虑多少风险，需要施工企业的决策者来确定。因为施工企业决策者要综合考虑自身的成本、风险发生的可能性、报价取费、外部的竞争态势等情况。

项目投标阶段，施工企业应结合自身丰富的经验，借助内部资源，并通过详细的现场考察、必要的勘察试验和对社会资源的整合来进行投标项目的风险决策。

第二节　投标工作标准化流程

施工企业的市场部（或经营部）是负责投标的责任部门，投标文件一般由技术标、报价标、商务标组成。施工企业要建立投标工作的相关制度和标准化流程，以保证投标工作的质量。

一、信息搜集

施工企业市场部门广泛搜集与自身资质、能力等相适应的工程项目信息，筛选项目信息，及时跟踪重点项目，编制《市场周报》《市场月报》。

二、投标审批

对计划参加投标的工程项目，市场部门填写《投标项目审批表》，报公司主管领导审批，经公司主管领导审批后才可参加项目投标。

三、购买招标文件、现场考察

市场部购买招标文件，按招标邀请要求准备相关资料，并进行现场考察，对工程现场的地质、环境等因素进行了解，对工程所在地的材料价格进行调查，以便做出合理的报价和切实可行的施工方案，考察组填写《标前现场考察记录》。

四、投标安排

招标文件购买后，市场部门编制《投标工作安排》，明确投标主管，安排编标人员，成立投标小组，对投标细节、时间节点（答疑、现场考察、方案初稿、工程量复核、方案汇报、方案终稿、材料询价、报价初稿、报价成稿、行程、递交标书、开标时间等）进行周密组织，保证投标文件编制完整、无误，准时参加开标。

五、投标文件编制与审核

1. 技术标编制

技术人员负责编制技术标，市场部技术主管和公司分管副总工程师审核定稿，重大项目公司组织评审会。其编制流程如下：

（1）学习招标文件及图纸，提出答疑问题。

（2）制定现场调查提纲，进行现场调查，参加标前会。

（3）技术人员计算工程量，与预算人员进行核对。

（4）召开技术标专题会，制定施工组织的总体安排和设想。

（5）技术人员编制技术标初稿，市场部技术主管进行初次审核。

（6）技术标初稿提供给编制报价标的预算人员。

（7）技术标汇报、评审。

（8）技术人员完善技术标。

（9）市场部技术主管第二次审核技术标，分管副总工并进行终审。

（10）市场部技术主管组织人员互相检查、校核技术标的电子版、打印版，并形成终稿。

（11）技术标终稿提供给编制报价标的预算人员。

（12）技术标终稿在开标前5天完成，并交付给商务人员。

（13）开标后，准备技术标的答辩和澄清。

技术标书编制前由市场部技术主管提供技术标编制格式和模板，技术人员严格按照招标文件的要求、格式进行编制。招标文件评分办法中规定的技术标得分点、编标要点在技术标书目录中应体现出来，单独以章节的形式列出，同时作为检查的重点。

2. 报价标编制

预算人员编制报价标，由市场部报价主管负责审定，最终报价由主管领导确定，重大项目报公司总经理决策。其编制流程如下：

（1）预算人员熟悉招标文件、清单、图纸等资料，提出答疑问题。

（2）预算人员列出材料询价清单，交物资采购人员询价。

（3）预算人员计算工程数量，与技术人员核对，对比、分析工程量清单中工程量与通过图纸算出的工程量的差异。

（4）预算人员按招标文件要求的内容、格式进行报价表格的输入。

（5）预算人员按技术标初稿、材料询价编制报价初稿，建立数据的公式链接。

（6）预算人员同时编制投标项目成本。

（7）预算人员依据评标办法，研究报价策略，分析竞争对手的报价预期，编制报价标的得分测算。

（8）市场部报价主管审核报价初稿、项目成本、得分测算。

（9）预算人员根据技术标终稿、市场部报价主管提出的意见修改投标报价、成本。

（10）市场部报价主管第二次审核投标报价、成本。

（11）预算人员检查、校核报价标的电子版、打印版，以形成报价成稿。

（12）报价成稿在开标前3天完成。

（13）最终报价确定后，在报价成稿的基础上快速调整最终报价。

（14）制作最终报价文件电子版（不带链接的报价文件）。

3. 商务标编制

商务人员编制商务标，市场部商务主管负责审核。其编制流程如下：

（1）学习研究招标文件，提出需澄清的答疑。

（2）编制投标文件目录和《投标资料核实表》，列明废标条件，交市场部商务主管审核。

（3）选择投标代理人、项目经理、技术负责人及主要管理人员；根据评标办法，选择企业及主要管理人员，以及合适的类似工程业绩和机械设备、企业荣誉获奖等有效证明文件，公司缺少的机械设备尽快办理租赁手续。

（4）编制商务标初稿。

（5）如需要办理投标备案的，准备相关资料进行备案。

（6）商务人员负责办理投标担保、授权书、机械租赁协议、不拖欠证明、人员社保证明、检察院无行贿犯罪记录等必要的证明文件，收集投标核验原件，开标前一周准备好。

（7）商务人员完成资信文件，商务主管审核，开标前一周定稿。

（8）汇总技术标和报价标终稿，签字盖章形成投标文件终稿。

（9）投标文件检查。

装订前检查的内容包括：投标函及附录中报价、工期等填写是否正确、目录页码是否对应、标书页码是否连续、签字盖章是否齐全、投标文件是否完全响应招标文件及补遗书要求、按废标条件对照检查标书。

装订后检查的内容包括：标书正本与副本封面和内容逐页检查、分标段投标时标书封面与内容是否一致、投标资料复印是否清晰等。

标书密封后检查的内容如下：包封封套与标书内容是否一致、投标文件电子版是否密封、是否按招标文件要求进行包封和盖章等。

投标所需的原件需进行检查。

投标有关人员对所有投标资料检查无误后，分别签字确认。

六、参加开标

按照招标文件规定，提前安排相关人员准时参加开标。

七、记录总结

开标会结束后，投标代理人（或其他开标人员）立即以短信方式将开标结果告知市场部相关负责人，会后及时整理开标记录，填写《投标项目开标记录表》并进行存档。

八、投标总结

不管项目是否中标，投标人员应对投标得失进行总结并存档。

九、资料归档

开标会结束，投标人员及时搜集投标文件、招标文件及补遗、图纸、工程量清单等纸质版文件及电子版文件，并进行存档。

十、资金回收

开标后，市场部商务人员及时登记投标保证金、银行保函、银行信贷证明的信息，积极联系代理单位，催促代理单位按时退还保证金等资料。

第三节　准确理解招标文件的范围和要求

在投标阶段，投标人员对招标范围，合同条款，标准、规范和技术要求，招标图纸，工程量清单计算规则，工程量清单的项目特征等招标文件内容要进行认真的学习和研究，以便编制符合招标文件要求的施工组织设计和项目报价。如果对以上文件的理解存在歧义或文件相互之间存在矛盾，投标人员应及时进行书面答疑。

一、核实工程数量

1. 在工程量计算和核实的过程中通常会出现的 6 种情况

（1）根据招标图纸计算出的工程量和发包人提供的工程量清单数量不一致；

（2）缺少图纸，无法核实工程量；

（3）图纸缺少尺寸，不具备核实工程量的条件；

（4）个别工程量，图纸中有，但工程量清单中没有；

（5）个别工程量，工程量清单中有，但图纸中没有；

（6）图纸、技术规格书、工程量清单相互矛盾。

2. 核实工程数量应注意的 5 个方面问题

（1）工程量清单不是一个独立存在的表格，投标人员要对应招标图纸、规范和技术要求、工程量清单计算规则、工程量清单项目特征一起来看。

（2）技术人员和造价人员要吃透图纸、规范、计算规则、项目特征，工程量要进行相互复核，不能由一个人来计算。

（3）将计算的工程量和工程量清单中的工程量进行对比，列出存在的主要差异。

（4）对总价包干的投标项目，工程量清单给出的工程量只是作为参考或者发包人根本就不提供工程量清单，此时投标人员要自己列项并准确计算工程量。总价包干的项目很容易漏项，更应引起投标人员的高度重视。

（5）对单价合同的投标项目，工程量清单是投标人进行报价的统一基础，但施工企业也要根据招标图纸计算工程量，如果存在差异就在进行答疑或投标的时候适当考虑不平衡报价。

二、主要合同条款

投标阶段，投标人员就要充分学习、理解合同条款的内容，对影响项目报价的主要合同条款进行摘录，比如：甲乙责任、工期及中间节点、合同模式、预付款支付及扣回、质保金金额及期限、甲供材料及边界、三通一平、保险保函、变更索赔、税费、罚款、HSE 要求等等，这些都是准确确定报价的依据。

三、标准、规范和技术要求

技术规格书中的要求对施工方案的编制和报价计算有很大的影响，举 3 个例子进行说明。

【例4-4】防水混凝土配合比

技术规范的要求：试配要求的抗渗水压值应比设计值提高 0.2MPa；水泥用量不小于 $300kg/m^3$；砂率为 35% ~ 45%，灰砂比 1∶2 ~ 1∶2.5；水灰比不大于 0.55；普通混凝土坍落度不大于 50mm，泵送时入泵为 100 ~ 140mm。防水混凝土的报价就要按照技术规范要求的配合比进行计算。

【例4-5】石灰稳定土基层

技术规范要求：石灰稳定土施工的压实厚度，每层不小于 100mm，也不超过 200mm，采用先轻型后重型压路机碾压。石灰稳定土分层的厚度直接决定压路机的配置数量，从而影响项目的成本。

另外，技术规范还要求：石灰稳定土施工时，应采用集中厂拌法拌制混合料，或采用路拌法施工，本项目采用集中厂拌法拌制混合料。厂拌法、路拌法的机械设备配置大不相同，因此成本也不同。

【例4-6】性能、标准、品牌

在技术规范中，对性能、标准、品牌会有详细的要求，特别是安装工程、装修工程，工程中的材料种类和品牌特别多，在投标阶段对材料、设备询价的时候，必须把技术规范里的要求作为材料、设备询价的一个附件。

四、工程量清单计算规则

投标人对工程清单计算规则要研究透彻，工程量清单计算规则是对清单项目包括哪些具体的工作内容及范围、要求的说明和定义，投标人员在计算工程量时必须结合工程量清单计算规则，才能做到准确计算、不遗漏项目。

从上述四个方面可以看出，招标文件（包括技术规范、图纸、工程量清单、计价规则等）的要求直接影响着施工方案、成本、报价的确定。在购买了招标文件后，投标人第一时间要对招标文件进行学习和研究，如果忽视或没有理解招标文件某方面的要求，可能带来很大的风险，甚至项目一中标就随之带来项目的失败。因此，认真学习、准确理解招标文件是投标工作的重中之重，必须高度重视。

第四节　项目可行性评审是风险防控的第一道关口

投标项目可行性评审要综合判断项目的风险，确定是否参与项目投标，一般在项目跟踪阶段或资格预审阶段进行。

特别是投资类项目，由于项目处在前期，项目资料缺乏，只能根据经验进行判断，如果有类似项目经验还好说，但对新进入的市场，将面临很多的不确定性，在这种情况下，如果决策者再带着一些人为的色彩做判断，那就非常可怕。所以，客观的、不带有过多主观色彩的可行性评审至关重要。

一、项目可行性评审的 10 方面主要内容

1）项目是否列入省、市的固定资产投资计划，PPP 项目是否入库；

2）项目所在省、市、县的财务状况；

3）项目资金来源、发包人支付能力；

4）项目的设计、监理情况；

5）项目内容、规模、工期及技术、组织重难点；

6）项目所在地物价趋势，特别是水泥、地材的价格走势；

7）项目所在地法律、法规、环境保护等政策；

8）施工企业的优势、同类型项目施工经验；

9）主要竞争对手情况；

10）后续市场容量等。

通过项目可行性评审的综合分析，施工企业可以判断是否对项目进行投标，对风险巨大且不可控的项目要果断放弃，对可控的风险要通过进一步考察和专业论证来最大限度地规避和应对风险。所以，项目可行性评审是项目风险防控的第一道关口。

二、判定投标项目风险巨大并且不可控的基本原则

1. 国家类（对海外项目而言）

政治、经济、外汇风险巨大的国家的项目；新开发的国家但未对现场考察的项目；无明显后续市场并且盈利较低的项目。

2. 基础资料缺失类

无地质勘察资料的项目；无技术规格书的项目；无招标图纸的项目。

3. 技术类

工期明显不合理，存在重大罚款风险的项目；承包商没有同类型成熟的技术经验和技术储备的项目；承包商不具备设计能力或没有信得过的设计合作单位的EPC项目。

4. 合同类

风险承担明显不合理的项目；付款比例过低的项目；罚责太重的项目；工期太短的项目。

5. 竞争力类

项目实施风险大，非承包商优势领域或国内无施工经验的境外新领域项目；对当地或特定承包商有明显优惠条款的项目；承包商在当地国家无自主施工能力，无明显市场竞争力的项目。

6. 其他类

投标时间短，不能延期的项目；项目规模大，需要组织大量资源，无明显竞争力的项目；主材来源存在不确定性的项目。

所以，前期对投标项目要有所选择：一是要把控投标项目的风险，二是要选择企业有竞争优势的项目，切勿眉毛胡子一把抓，费时、费力，也没有效果。

第五节　投标团队选择是风险防控的关键

投标团队是投标工作的关键，投标负责人是投标团队的核心。

一、投标负责人具备的素质和能力

（1）投标负责人要真正担负起整个项目投标的责任，具有高度的责任感是投标负责人最优秀的素质。投标工作没有第二名，只有第一名才可以中标，所以投标

负责人和整个投标团队的责任感是项目能否中标的关键因素。

（2）负责人对整个投标项目要有宏观的综合判断能力。负责人应知道需要哪些方面的人员参与项目的投标，能够快速组建专业的投标团队；能够结合公司的优、劣势准确判断投标项目的难点和重点，以便进行科学合理的安排；能够基本判断哪些公司是主要的竞争对手，了解主要竞争对手的情况；能够协调企业内、外部相关资源，充实投标团队力量。

（3）投标负责人要带头学习招标文件和相关规定，投标负责人应该比投标团队中的任何人更了解发包人的要求和招标文件的规定，要亲力亲为，不做甩手领导，不做二传手先生。

投标负责人确定以后，接下来要组建有效的投标团队。

二、成立统一的投标团队

对综合性较强的大型项目投标，需要不同单位协作来完成，这时候就不能各行其是，相关人员集中办公，打破不同单位的界限，成立统一的投标小组，投标小组成员只对投标领导小组负责，以打破各自为战的小格局。投标阶段的组织架构按“扁平化”进行设立，项目中标后也应该延续这种利益共享的“扁平化”项目管理架构。

三、投标团队人员组成

投标团队包括具备丰富经验的设计、技术、商务、设备、采购等方面的人员，投标阶段如果能确定项目实施主体，则项目执行团队的项目经理、项目总工程师、商务经理纳入项目投标团队。项目执行团队在投标阶段介入投标，这种模式被普遍认为是比较有效的投标组织模式：一是项目执行团队早期介入投标，对项目本身和外部环境的认识比较全面、深刻，制订的施工方案能够更加切合实际，能够在中标后快速反应，直接转入项目实施阶段，没有空档期；二是有些投标项目是同一个区域市场或同一个发包人的项目延续，项目执行团队已经对这一区域或发包人有了深入的了解，对当地资源价格、地质气候条件、风土人情等都了解充分。

对技术复杂、施工组织难度大的投标项目，施工企业要成立投标专家组，编制、审核技术方案和成本报价。有必要时，寻求外协单位和外脑的支持。

投标团队要相对稳定，不能临时抓人。对投标程序不熟悉的人员做标，很容易出现纰漏，甚至出现低级错误而废标。投标团队要形成合力，不能各自为战，不能为了各自的小利益而影响了投标的大局。

很多读者会认为投标工作工夫在其外，投标只是走形式而已，也许标底很小的项目可以不用在投标工作上花费太多精力，一切靠运作、靠关系。其实真正参与做标的人员都清楚，特别是大型项目的投标，越是各方面有利条件有助于中标的项目，投标工作更是如履薄冰，不能有丝毫的差错。

第六节 现场考察是风险防控的基础

现场考察是投标工作的基础，是重中之重的工作。施工企业在现场考察前要编制详细的考察提纲，制订考察计划，现场考察不能走马观花，有必要对现场地质情况进行勘察取样，对回填土、石料等材料进行土力学试验检测。对有森林、河流的区域，应进行现场勘探并结合航拍进行地形地貌的测量和观测。

一、考察结果是决策的基础

现场考察要全面，数据要准确，提供多种选择方案。考察组对考察结果要形成基本判断，哪个数据能用、哪个数据不能用，考察组要给出明确的意见和建议。

【例4-7】

某公路项目，考察组通过考察，发现有5处取土场，考察组要对每个取土场的资源属性及费用、土质情况、数量、运距等一一做出分析，并给出每个取土场的取土比例；对大小临的位置和布置给出建议和意见；对分包商的价格、信誉和施工能力要进行综合的判断和分析。

二、现场考察要突出重点

对项目履约和成本影响较大的内容是考察的重点，如项目施工条件、大宗地材、劳动准入、环保要求等。

大宗地材是考察的重中之重，包括材料来源、供应强度、供应方式、运输条件、道路超载、水陆条件、临时码头等。

【例4-8】

线性工程有其不同于其他工程的特点，重点考察石场、取土场、拌合站、临时道路桥梁、水、电、临时码头、卸船码头等。某公路项目，路基底基层为红土粒料，招标文件给出了两处取土场供施工企业参考。施工企业在现场考察时，没有对给出的取土场进行取样试验，也没有再对红土粒料的来源进行考察。项目中标后施工企业发现，发包人提供的取土场无法开采出满足要求的红土粒料，施工企业只能从较远的取土场取料。由于投标阶段发包人提供的取土场仅供参考，所以施工企业由此增加的成本只能自己承担。

三、对外部条件的充分了解

1. 气象环境条件

气象、风浪、水文、风暴潮、雨季、台风、高原施工、冬期施工对工程实施影响都比较大，现场考察时要进行充分的了解。

2. 外部干扰

征地拆迁、地下管线、交通、现场干扰、运营干扰对工程实施的影响较大。某市政项目，根据合同条款，征地拆迁为发包人的责任，但合同条款同时约定征地拆迁的影响只能索赔工期，不能索赔费用。施工企业开始只是协助发包人进行征地拆迁工作，但情况不理想，进展缓慢，施工企业进场的机械设备因没有足够的工作面而不能有效地使用。因此，项目部改变思路，不等不靠，主动联合发包人、政府部门、警察、法院共同推进征地拆迁工作，取得了较好的效果。

3. 水、电及交通条件

要充分调查当地路况、超载限制、拥堵程度等交通条件，做好材料运输方式、时间段的安排，合理确定运输时间；对需要封路施工的项目，要和当地主管部门提前沟通，制订切实可行的交通导行方案。

【例4-9】

某高架桥项目，位于市区，必须选择在晚上10时到第二天早上6时的时间段内进行材料运输，主线跨线桥施工过程中，需要进行交通导行。

对水、电供应、接入条件进行调查，确定水电外部接口的位置、了解电力供应情况等。在一些偏远地区，有时候电力供应不足，虽然可以接入市电，但有时总停电，这时候要考虑备用发电机发电或者直接发电机发电。

4. 施工许可、用海权的办理

有的招标项目中，施工许可、用海权手续办理是施工企业的工作内容和责任，这种情况下，施工企业在现场考察时就要详细了解这些手续的办理渠道和办理所需的时间，并在项目中标洽谈合同的时候，把需要发包人提供的资料明确列出来，以便划清责任。

四、某海外项目投标现场考察实例

现场考察是编制投标报价、项目成本、报价决策的主要依据，如果没有完整、细致的现场考察，编制的方案、报价、成本就是闭门造车，因此，对参与过投标、项目管理的造价人来说，现场考察的重要性毋庸多言，下面结合一个海外项目现场考察的实例，给大家讲一下现场考察应该关注的内容。

在东南亚某国家的一个新城建设项目，包括引水工程、房建工程、配套公建和市政工程。这个项目是一个利用中国资金的 EPC 项目，即行业内通常说的优贷（优惠贷款）项目。本项目有一个引水大坝，需要大量的开山石料，建设 100 万 m^2 的经济适用房，此项目规模大、链条长，使用当地的设计标准和施工标准，而发包人仅提出了一个大概的功能需求，因此，EPC 项目承包商的空间大，同时风险也较大。在项目投标前，总承包商组织了为期一个月的现场考察。

1. 水陆并举找石材

由于项目要建设一个引水大坝，需要约 300 万 m^3 的开山石料，考察组对周边 150km 正在开采的石场及未开采的石场进行考察。

未开采的石场通过国家地矿部拿到具体位置，其中有一个较近的 B 石场，根据地图显示沿 G3 公路（G3 公路是一个大的环形路），再走 15km 小路就可以到达，但是根据地图导航，怎么也到不了 B 石场的位置，后来又从 G3 公路的另一个方向考察，走到四分之三的路程时，汽车走不了，换摩托车，再步行，终于达到 B 石场的位置。如果从 B 石场向外运输石料，还要修筑 10 多公里的临时道路。

考察组发现有一条河可以到达 B 石场，决定从水路考察石场，如果水路可行的话，虽然距离远了一些，但水路运输成本比陆运成本要低，同时也极大地缓解了路上运输的拥堵和风险，在水陆考察前，考察组做了充分的准备，找来了 GPS，以便在考察的时候测量水深。从水路花了 3 个多小时达到 B 石场附近，此处正好有个闲置的木材加工场，还有一个临时装船码头，临时码头到达 B 石场的距离不到 1km，通过水深测量，河流通航 1000t 以下驳船没有问题。同时，考察组对 B 石场进行了取样。由于船没有棚盖，加上太阳的直射，考察组每个人都晒地脱了一层皮，等到傍晚回出发地的时候，正好赶上太阳西下，此时天气凉爽了，落日的余晖也如画般地展现在眼前。

考察组除了对 B 石场进行水、陆考察外，还对周边 150km 的 30 多个石场都进行了考察。有的石场还在深山里，考察组为此还有一些冒险的经历：遇到当地人的围堵，车辆爆胎，迷路，树上掉下来的大蟒蛇差点落到考察组人员的身上。可见考察组付出了很大的艰辛，也收获了真实的考察数据。后来，总承包单位领导对这份石场考察报告给予了很高评价，说报告价值 100 万美元也不为过，这也说明了现场考察的重要性。

2. *石场谈判*

与石场谈判有几种模式：石场出售石料；石场收取资源费，购买人自己组织开采；石场出售其中一部分，购买人自己开采；拥有石场的公司出售他的公司，包含石场。

这 30 多个石场，有的正在开采，有的暂时停业，有的还没有开采，待价而沽。其中参与开采的有中国公司，还有其他国家公司，也有当地“地主”的。项目石料需求量大，而当地石料资源丰富，因此谈判空间也比较大。

投标阶段期应该锁定石场，签订意向协议，付一部分定金都可以。如果从私人业主处购买，价格很便宜，个人都买得起。但是，这个项目在投标阶段没有锁定，后面项目实施的时候，石场卖价涨了一些，但毕竟资源比较多，也没有涨得太离谱，在控制范围之内。

3. *材料试验*

考察组联系当地大学的试验室，对石料的原材做了试验检测。试验结果显示，石料的抗压强度等指标满足工程的需要，但在很多其他的项目上，周边石场的供应能力、石料原材质量并不都是这么理想，承包商往往会在材料质量、运距、价格上进行多方权衡，除现场取样外，有条件的还需要进行钻孔取样。

4. 材料运输

考察组从运输经济性、安全性、限重、路况等情况，着重考虑石料运输车辆的选型。石料运输是本工程的一个重点及难点，主要在于路途较远，交通安全隐患较大，运输途中要经过一个收费站，当地政府有限重要求，因此选择车型比较重要，当地收费站采用轴重仪进行称重，拟定采用多轴车进行运输。

运输路线还需穿过一个小村镇和集市，需要绕道，因此要考虑修便道的路径和费用。考察组还考察了从石场到主路，石场到装料码头的线路，这也是要考虑便道的修建和维护的。水上运输要考虑装料码头、卸料码头、逆流和顺流的速度、水深、枯水期影响等。

分享一组经验数据：40t 载重运输车油耗：40 ~ 45kg/100km，运输车辆的轮胎消耗：一个轮胎平均跑 1600km。所以，石料运输对车辆的损坏和配件消耗比较大，计算成本的时候要考虑。

5. 考察砖厂

房建项目需要大量的砖砌体，考察组开始时没有发现大规模的制砖场，只看到很多生产空心块的小作坊，并计划自己制砖，后来了解到距离项目 300km 的一个城镇有成规模的砖厂，考察组 3 个人就去考察，感觉快到的时候，看到很多高大的烟囱，就顺着烟囱的方向找过去，果然就是想找的地方。

考察组了解到这里有 60 ~ 70 个高炉，产能 13 万块 /（d · 炉），生产规模能够满足工程的需要，解决了一个很大的问题。其实，国内资源比较丰富，信息手段也比较方便、灵通，要什么有什么；但在国外，特别是一个新开发的国家，不仅找到了需要的资源，而且质量、数量还可以满足工程需要，这是很不容易的。

6. 建样板房以确定标准

这个项目的房建是 60 ~ 80m^2 的单层平房，一共 1.5 万套，考察组对当地的建材市场进行了考察，装修、装饰的材料基本都有，但材料标准如何确定，是一个比较关键的问题。考察组对当地建材市场进行了考察，确定了品牌、规格，拍了相关照片。为了避免施工的时候产生分歧，总承包商与发包人协商，找一个空地先建样板房，以用来确定设计、施工和材料标准。

7. 与咨询机构洽谈

总承包商联系了会计师事务所、律师事务所、劳务公司、清关公司、安保公司、运输公司等专业机构，考察组详细了解当地的法律、税务、劳工政策、清关政策等内容，得到了专业化的解答。下面列出了一个详细的问题清单，供大家参考。

（1）当地法律：劳工法、税务法、矿业法、海关法、环保法、海事法、建筑薪酬协议等。

（2）当地工人工资标准；周末及法定节假日加班费标准；福利费用标准；招聘、解聘规定及费用。

（3）当地劳动法是否有外来用工数量的限制？

（4）当地工人（技术工人、司操手、普工）的操作技能及施工水平如何？与中国工人相比，功效比大约为多少？

（5）港口港杂费、清关费、当地运费。

（6）施工机械及车辆的保险、上牌费、车证、驾驶证等费用标准。

（7）当地通信、暂住证、签证等费用标准。

（8）当地个人所得税、人身意外险、工资统一税等费用标准。

（9）中国人在当地的个人所得税费用标准。

（10）当地安保人员费用标准。

8. 属地人员

当地人的效率和国内存在着很大的不同，因此考察组对劳工政策、当地工会管理、节假日、工作时间、工效比的考察都很关键。

1）培训、管理模式

通过培训，当地人的效率、潜力还是可以挖掘的，这与承包商的培训、管理方式有着直接的关系，当地人也可以采用计价、分包的方式来实施项目，培养当地的班组长、劳务分包队伍，利用当地人管理当地人，这种模式是比较有效的。

2）当地人学中文

说一个小故事。这次考察有个当地的司机，给我们留下了深刻的印象。他的职责是司机，当我们去深山里考察石场的时候，他一马当先，拿着一把砍刀，在前面给我们开路，那天幸亏有他在，帮我们解决了很多问题。他还很认真地学习中文，在路途中，我们教他简单的中文，他教我们当地的语言，在休息的时候，他拿出一个小记事本，把刚才在车里教他的词语都记在小本子上，好像我们学汉字拼音一样，有不明白的，他就问我们，我们对他也特别友善。通过对这个小伙子的认识，我感觉到当地没有不能使用的人，就看能不能找到合适的人，并且培养好，这都很关键。

3）当地询价

国外的询价方式及效率和国内有着很大的不同，询价都必须采用正规的电子邮件或文件，很少通过口头告诉你。另外，你发出去的询价单，有时候就没有音信了，他们不像国内的供应商那么热心和热情。总之，他们的效率还是很低的。

9. 当地资源

真正的属地化是如何最大化地利用当地的所有资源，并不是单指劳务人员。劳务人员属地化是最基本的，当地的大学科研单位、设计院、工程师、分包商、中国建筑商、二手机械市场、留学生，都是考察和建立起合作关系的属地化资源。

对这个项目，总承包商和当地的大学研究机构、一家设计院进行合作，因为国内的设计院去重新研究当地的设计标准和设计习惯，需要时间磨合，因此把国外设计院和国内设计院结合在一起，是一种有效的资源整合。

总承包商在项目开始运作的时候，聘请了当地的工程师们一起参与，其中一个工程师叫 JOHN。JOHN 是一个法国小伙子，有着当地工作 10 多年的施工经验，房屋建筑、公路、桥梁都做过，他带我们去考察当地的在建项目，经过他的讲解，让我们对当地市场很快有了一个深刻的认识。如果单独我们自己去考察，也许几个月都不会了解得这么清楚。

当地的分包商、中国建筑商也是直接了解当地建筑市场的一个便捷途径，如果能够成为合作伙伴，会大大降低项目实施的成本。当地劳务分包价格见表 4–1。

当地劳务分包部分价格　　　　**表4–1**

序号	分项		价格	备注
1	装修	刷涂料乳胶漆	35 ~ 45LE/m^2	包工包料
		贴瓷砖	25 ~ 35LE/m^2	包清工
2	主体	支模 + 钢筋绑扎	230 ~ 250LE/m^3	当地承包习惯是模板和钢筋施工一起承包，按照对应的混凝土方量计价，但不含混凝土浇筑，如纳入混凝土浇筑的工作增加 20LE/m^3

这次去考察，在当地分包商的引领下还去了一个二手机械设备市场。市场里工程机械新旧程度不一，其中也有新的设备在推荐。琳琅满目的机械设备，吸引了很多建筑承包商的驻足。考察组原本想的是从中国或者其他国家购买新的设备，在这里一看，有一部分完全可以考虑使用这里的机械。

10. 税费

税费包括增值税、企业所得税、企业特别税、个人所得税、工资统一税、增值附加税和物资进口关税。

11. 当地造价指标

搜集当地砖混结构及钢结构房屋每平米造价指标，以及基础、框架结构、给水排水、电力、装饰装修等分指标。

12. 外部风险

外部风险包括战争风险、政府换届风险、动乱风险、涨价风险、汇率风险、税务风险等。

13. 当地习惯

考察时了解当地的施工习惯很重要。有些项目的安全文明措施也要入乡随俗，不能全部按一个标准来要求。承包商考虑的施工工艺、施工组织也要符合当地的习惯，不能只注重高大上的东西，要适应当地的习惯做法。

五、考察报告内容提纲

1. 考察安排

考察时间、考察地点、考察成员等。

2. 工程项目概况

（1）基本信息，包括项目名称、发包人、设计单位、监理单位、执行标准、施工内容等；

（2）地理位置；

（3）项目主要内容，包括项目概况、结构形式、涵洞设置情况、桥梁设置情况、工期要求等；

（4）环境情况，包括气象、水文、地质、地震等。

3. 工程建设背景资料

4. 社会环境

5. 生产生活环境

（1）政治情况：

（2）经济情况；

（3）文化及语言情况；

（4）风土民俗及宗教信仰；

（5）生活及医疗；

（6）安全情况；

（7）医疗情况；

（8）交通情况，包括空运、公路、水运海运、铁路等；

（9）税费。

6. 材料供应情况

（1）地材，包括混凝土、石料等；

（2）钢筋、水泥、外加剂等。

7. 劳务人员情况

（1）当地劳工，包括工资水平、劳工功效、用工条件等；

（2）当地分包队伍。

8. 主要设备情况

（1）设备资源考察情况，包括当地设备资源概况、各大设备供应商情况、当地设备租赁市场情况等；

（2）设备维修资源情况；

（3）设备进出口相关规定，包括车辆、工程机械、发电机组、空压机、免税设备后续处理等。

9. 大、小临布置

（1）营地选择；

（2）施工用水、用电；

（3）大临选址；

（4）工区划分。

10. 项目沿线及周边现状

（1）沿线道路整体情况；

（2）现场情况；

（3）土场资源分布情况。

第七节　投标组织是风险防控的保证

一、具备条件，提前介入投标

一个项目从跟踪到投标有的长达两三年的时间，所以，施工企业的投标工作要提前准备，大量的工作在购买招标文件前就已经进行了。对重要的投标项目，提前介入是必需的，一是时间上提前介入；二是要把自己的优势和项目特点紧密结合起来。

二、6 个主要时间节点

在投标组织安排时，投标负责人对现场考察时间、答疑时间、材料设备询价时间、投标策划会时间、投标评审会时间、定价决策时间要进行细致的安排，保证投标工作如期、保质地完成。

三、6 个主要会议安排

投标阶段，投标负责人要组织好 6 个会议安排：投标策划会、招标资料梳理学习会、施工方案初步评审会、施工方案终稿评审会、报价评审会、定标会。对技术难度大、非本公司优势的投标项目，还需要组织外部专家评审会。

四、与参与前期勘察、设计的单位保持沟通

项目投标阶段，谁对项目信息了解得越多、越清楚，谁在投标决策过程中就会越主动，就最有可能中标，中标后才会更容易应对变化带来的诸多不确定性。勘察、设计单位对项目的了解较施工企业要深入很多，所以施工企业要和投标项目的勘察、设计单位建立良好的沟通渠道。

五、充分研究主要竞争对手

战争中知己知彼是取胜的关键，投标亦如此。施工企业要研究自己和竞争对手的优、劣势，要详细研究主要竞争对手的情况，包括以往投标中主要竞争对手采取的策略，其竞争优势在哪里，资源情况如何，分包询价、设备材料询价的渠道及与发包人的关系等。

六、外部资源同样不可忽视

外部资源包括外部专业、外部协作单位，现在的社会是共享经济的社会，项目投标阶段，施工企业要善于将外部资源为我所用，建立与外部资源的战略联盟，发挥各自的优势，提高风险防控能力，同时也最大限度地提高市场竞争力。

七、团结协作、信息共享

项目投标阶段，各参与单位和人员要协作一致，不能各打各的小“算盘”，如果得不到项目，那一切都为零。由于投标阶段信息来源渠道多，需要综合来判断，所以各方面得到的信息要形成共享，为投标的决策提供最科学的依据。

八、投标前要留出三至五天的富裕时间

很多时候，投标前的最后一天和一个晚上都会忙得不可开交，但往往忙中出错，开标时很多低级错误时有出现，所以投标计划要有一定的富裕时间。

九、制定严格的投标工作纪律

投标工作量和工作强度很大，大型工程投标时间较长，有的项目从投标开始到投标结束要持续半年多时间。投标人员一般都是封闭做标书，他们是来自不同的地方，要保持持久的工作效率和工作激情，很不容易。因此，对于较长时间的投标，投标负责人要合理安排好投标人员的工作、生活和娱乐活动，制定好白天和晚上的作息时间表，做好生活上的调节，每天有计划，当天有小结，做到日清日结。

十、投标要做好保密工作

在工作安排和工作程序上，投标阶段来自各方面的信息虽然需要共享，但共享

人员应该局限在有限范围之内，对外更要严格保密，特别是定标、装订、封标更要由专人负责，把知情人数控制在最小范围内。

十一、细节决定成败

投标负责人在最后自检、互检、打印、装订、密封、送标等工作上要进行细致的安排，不能出现任何纰漏。所以，针对这些具体工作要制定严格的程序，把工作做在平时，最后的时候按平时制定的程序检查就可以。

第五章
投标报价和商务风险评估

第一节　工程报价的评审和评估

报价评审是投标阶段风险管理的重点，主要包括响应性评审、宏观合理性评审、盈亏性评估、敏感性评估四个方面。这里说的报价包括两个方面：一是形成投标文件的报价；二是使用成本法计算的项目成本。

一、响应性评审

响应性评审主要分析编制报价时对招标文件、考察报告、技术规范的响应程度，主要包括编制依据、编制深度和编制内容三个层次。评审的指标和侧重点如表 5-1 所示。

响应性评审指标　表5-1

序号	评审内容	指标名称	评审侧重点
1	编制依据	编制依据	是否按照发包人的招标文件及其澄清文件编制报价，是否参考了现场考察报告中的现场条件和商务信息
2	编制深度（3方面）	编制说明	编制说明格式的规范性、内容的完整性、编制原则的准确性和问题界定的明确性
		文件完整性	报价计算是否完整，封面目录、编制说明、报价计算表、单价分析表等是否按招标文件的要求、格式编制
		编制范围	编制范围是否和发包人的要求一致，是否存在不清楚的部分和不包含在本次报价计算中的内容
3	编制内容（8方面）	编制方法	报价编制方法是否符合程序和要求
		工程量	是否核算发包人提供的工程量，量差在报价中如何考虑

续表

序号	评审内容	指标名称	评审侧重点
3	编制内容（8方面）	人工用量和价格	人工单价是否为全费用单价（是否包括五险两金、奖金等）
		材料用量和价格	主要材料的用量是否正确，材料的单价是否参考了考察报告，材料的损耗是否正确
		机械用量和价格	主要机械设备的规格、数量、原价、折旧方法、燃油消耗量等是否正确
		分包费	分包项目的确定、单价来源和计算方式是否正确
		临建费用	临建的内容、标准、原则、单价来源等是否正确
		各项取费	各项取费的费率如何确定，有无详细的分析资料，是否与相应的竞争策略挂钩

二、宏观合理性评审

根据积累的专业知识和经验数据，对项目报价的高低和合理性进行宏观审核，并在盈亏分析时作为有效的参考，宏观分析的指标如表5–2所示。通过宏观分析，如发现不合理的地方，首先要研究本项目与类似项目的可比性，若考虑可比性因素后，仍存在不合理的情况，应当进行深入的微观分析。

常用宏观分析指标　　表5–2

序号	指标名称	指标含义
1	单位工程造价	各类型工程项目的单位造价，如房屋工程按平方米造价，路桥项目按公里造价，水利项目按长度、平方米造价等
2	全员劳工生产率	全体人员每年（月、日）的生产价值，分项目类型对比
3	分部分项工程价值比	各分部工程造价占工程总造价的百分比，分项目类型对比
4	各类费用百分比	组成造价的各类费用，如人工费、材料费、机械费、管理费等占整个工程造价的百分比
5	单位工程用工用料指标	各种类型的项目单位工程量所需工日和各种材料的用料指标

三、盈亏性评估

1. 盈余分析

盈余分析是指从报价组成的各个方面挖掘潜力、节约支出，计算基础报价可能节约的数额，即“挖潜盈余”，进而算出低成本。主要分析指标如表5–3所示。经

常用盈余分析指标　　表5-3

序号	审查内容	指标名称	审核侧重点
1	定额和效率（3方面）	用工量	分析若干大项，如混凝土、钢筋、砌体等的用工量
		材料用量	对损耗量大的材料，如砖、砌块、碎石、块石等分析，是否可以减少损耗量；模板、脚手架等周转性材料是否可以增加周转次数
		机械用量	分析机械使用计划中机械使用是否集中、紧凑，能否加强一次性连续施工和工序间衔接，减少机械停滞时间；同类施工机械如起重机能否相互替代作业，有无更节约的方案，如将大吨位起重机替换成门式起重机
2	价格分析（4方面）	劳动力价格	从价格、效率等方面进行分析、比较
		材料设备价格	对影响报价较大的材料设备，重新核定材料设备价格是否还有降价的潜力；若砂石料等地方材料数量大，是否可以考虑自采
		机械价格	将自有机械和租赁机械价格进行比较，进一步分析在节约燃料、减少动力消耗上可采取的措施
		分包价格	对比分析分包报价与自行施工的价格
3	费用分析	各项费用	分析各项费用的标准，有无降价的潜力
4	其他方面		保险、保函、贷款利息、维修费等方面有无降价的潜力

过盈余分析，复核得出总的估计盈余总额并考虑实现的可能性，最终得出可能的低成本。其计算公式如下：

低成本 = 基础成本 −（估算盈余 × 修正系数）

2. 风险分析

风险分析是指分析计算报价时，由于对未来施工过程中可能出现的不利因素考虑不周或估计不足，可能产生的费用增加和损失进行预测。主要分析指标如表5-4所示。经过风险分析，复核得出总的估计风险总额，并考虑发生的可能性，得出可能的高成本。其计算公式如下：

高成本 = 基础成本 +（估算风险 × 修正系数）

常用亏损（风险）分析指标　　表5-4

风险类别	风险名称	风险描述	风险后果
经济风险	×××	×××	×××
政治风险	×××	×××	×××
涨价风险			
工期风险			

四、敏感性评估

报价的敏感性分析是假定某些因素发生变化，测算报价的变化幅度，特别是这些变化对目标利润的影响。敏感性分析步骤如下：

（1）选定影响目标利润的不确定因素，常用因素如表 5-5 所示；

（2）选定该因素变化的范围；

（3）计算不确定性因素变动对目标利润的影响程度，找出敏感性因素；

（4）绘制敏感性分析图，计算敏感性因素变化的极限值。

敏感性分析因素　　表5-5

序号	因素名称	因素描述
1	工期	工期缩短，直接费增加，间接费减少，可以获得奖励；工期延误，窝工费增加，将产生延期罚款，造成目标利润的变化
2	工资	工资上涨或降低造成目标利润的变化
3	主材价	主材价格上涨或下降造成目标利润的变化
4	折旧年限	主要机械折旧年限上调或下降造成目标利润的变化
5	贷款利率	银行贷款利率变化导致目标利润的变化

第二节　EPC 项目商务风险评估实例

南亚某修造船厂 EPC 项目，项目内容包括水下挖泥、码头、陆域回填、地基处理、厂房、设备等，A 承包商参与项目的投标。

一、EPC 合同模式

招标文件中的合同通用条款参考了 FIDIC 银皮书的通用条款，没有专用条款，投标人可以填报技术和商务偏差表，偏差表构成合同洽谈阶段的专用条款，对此发包人和拟定的中标人需进行谈判确定。

二、A 承包商项目组织模式

A 承包商作为 EPC 总承包商，负责全部合同内容的勘察、设计、施工和发包人要求的采购工作，投标阶段 A 承包商计划分别与设计院 B、水下挖泥分包商 C 签订设计标前协议和水下挖泥标前协议。同时，A 承包商聘请了设计方面的专家参与项目投标的全过程。

三、项目最大的风险

通过判断，本项目只有三个钻孔的地质资料，对设计和水下挖泥形不成有效的技术支撑。但如果在技术偏差表中提出地质风险全部由发包人来承担，则明显违背了 FIDIC 银皮书中关于发包人和承包人责任划分的原则，发包人一般不会接受。

四、风险评估要点

1. 发包人需求

发包人需求要梳理清楚，作为谈判的重要条件。

2. 工期方面

按“勘察 + 设计 + 施工”的总工期考虑，并考虑勘察、设计、施工的有效衔接。

3. 地质条件

搜集项目周边类似项目的地质资料，得到更多的相关证据，以便对水下挖泥和设计的影响进行量化，并作为和发包人谈判的一个条件。

4. 挖泥分包

与分包商 C 的谈判条件要与发包人的一致，水下挖泥分包的深入谈判要优先于与发包人的谈判。

5. 设计方面

与设计院 B 签订标前设计协议，明确勘察和设计的完成时间和“风险共担、利益共享”的模式。另外，聘请的设计专家全程参与项目投标，并评估设计院 B 的设计成果对发包人要求的满足程度及存在的风险，评估内容主要包括工程范围、设计输入条件和工程量清单数量等。

6. 商务合同

将合同条款与 FIDIC 银皮书通用条款进行对照，特别要重视合同中发包人删除的部分；形成对照意见后与发包人就合同条款逐条落实，付款比例要坚持争取最高，罚款金额要坚持降到最少。

7. 阶段节点

在保证总工期的前提下，争取取消对水下挖泥的阶段性节点。

五、重点落实的事宜

1. 地质情况预判

多渠道收集资料，如附近类似项目的地质资料；争取提前勘察钻孔，获取地质勘察资料，以此作为下步谈判的有力依据。

2. 挖泥分包

本项目水下挖泥是关键，要考虑水下挖泥和整个项目施工顺序的关系，对分包商 C 报价的条件，如工期安排、土质、工况、超深、超宽、弃泥点等情况进行详细落实。同时，在落实分包商 C 的报价条件和资源的基础上，要至少再找两家具备施工能力的分包商进行询价和落实资源。

3. 资金条件

要结合目前的付款条件和施工进度计划，编制现金流量表，平衡资金缺口，以此作为谈判和付款的依据。

4. 填料指标

根据水下挖泥填料指标，完善地基处理方案。

5. 厂房设备

对于大型设备，要落实采购厂家，获得设备参数，以便于开展土建工程的详细设计。

6. 设计能力

要落实设计院 B 的设计能力，比如，修船车间设计中是否有修船工艺专业人员参与，是否了解发包人的要求，规避漏项。

7. 周边干扰

核实现场水域内锚系、养鱼设施是否在合同的拆除范围内。如果进行施工，吊机的能力是否满足。

8. 设计优化

混凝土方块优化至 90t 以内，安装方块数量会增加，需考虑船机匹配并核实对总工期的影响。

EPC项目在投标阶段要注重商务风险的识别和评估，有针对性地制订风险防控措施，加强外部资源的整合，并善于利用“外脑”的专业和智慧。另外，就是要对招标文件进行认真研究和对施工现场进行全面考察，在战略和战术上都要给予高度重视。

第三节 决策者的风险偏好

风险偏好是指企业在实现其目标的过程中愿意接受的风险的数量。风险偏好的概念是建立在风险容忍度概念基础上的，风险容忍度是指企业在实现目标过程中对差异的可接受程度，是企业在风险偏好的基础上设定的对相关目标实现过程中所出现差异的可容忍限度。不同的人对风险有不同的偏好，通常可分为三类：风险喜好、风险中性和风险厌恶。

建筑项目成本受外界条件和项目本身复杂性的影响，与具体产品的成本相比较，存在更大的不确定性。在投标阶段，如何确定一个项目的成本，除了正常的测算和评估外，决策者对成本的风险偏好也是一个关键因素。

这种风险偏好不仅受个人的性格、在项目中的角色，以及企业的抗风险能力的影响，而且受工程项目本身特点的制约。风险偏好不同，会导致其选择不同的风险应对策略，采取不同的风险管理措施，也由此产生不同的风险管理和承担风险的成本（例如，报价中包括不同的风险费用）。忽略人们对风险的偏好，会导致非理性且低效率的风险分配。

一个大型施工总承包企业在一个领域内，比如市政领域，做了很多市政项目，成本情况都不是很理想，有的项目还出现了较大的亏损。之后，企业在市政项目投标的时候，对成本的风险会考虑得很充足，不是想办法去应对风险，而是把所有的风险都反映在报价上，这样就会形成一种恶性的循环模式。

另外，现在大型施工承包企业一般以区域为经营、生产单位，如果一个区域内项目效益普遍较好，企业对市场信心就会比较充足。其原因有两点：一是原有项目积累了较好的成本管控的经验；二是对区域内资源掌握得比较到位，这样就会形成一种良性发展的趋势，投标时就会有很强的竞争力；反之，如果一个区域内项目效益普遍不好，可能还存在较大亏损，企业就会谨小慎微，害怕项目中标后再出现亏损。因此，做标人员和决策者都会习惯性地去考虑很多风险，不是想办法去应对风险，而是把所有的风险都加在投标报价上，久而久之，这样势必会失去投标竞争力。

【例5-1】

南亚某国有个电厂投标项目，工程需要大量的石料，本国石料资源匮乏，需要从其他国家购买石料，石料通过大型船舶运输比较经济，但施工现场水深不能满足大船通行，需要用小船倒驳运输到施工现场。有两种供应方式可供选择：一是石料供应商用小船倒驳供应到施工现场，价格偏高；二是施工方自己用小船倒驳到施工现场，价格较低，但自己没有在本地倒驳经验，因此存在一定的风险。

本工程石料需要近百万吨，石料的价格如何确定，这决定了项目能否中标。如果您是决策者，如何来决策呢？可能你会说，这要看很多条件。的确，如何决策要分析很多外部条件。两种供应方式中哪种方式对项目更可控？哪种方式对工期、质量更好？其他投标单位会怎么考虑石料供应方式？项目如果中标，会给公司带来哪些机遇？如果不中标，公司会有哪些损失？

综上所述，风险偏好需要综合外部条件来分析和判断，但归根结底还是需要决策者来作决定，而这又与决策者的成本风险偏好有直接关系。

第四节　怎样进行分包询价

一、分包商选择

承包商在投标阶段尽量选择合作过的分包商进行询价。对于没有合作过的分包商，首先要对其能力、业绩，特别对是否有类似项目经验进行了解、考察和详细洽谈，必要时需要通过第三方来了解和验证。分包商询价时一般至少找三家公司，并且不要限于企业掌握的分包商资源，特别对企业原来没有涉及或涉及较少的专业分包，要找到更多的分包商进行询价。

二、分包询价策划

有的人可能会问，分包询价还要策划什么，不就是询个价格吗？笔者的观点是：在对当地市场进行充分调查和成本测算的基础上，投标阶段采用什么样的施工组织模式，中标以后，原则上就应该按投标阶段确定的模式进行项目实施，除非市场条件和公司内部决策发生了较大的变化。投标和实施两者不能脱离太大，按这个原则来说，投标阶段的询价就很重要了。下面是分包询价都要策划的主要内容。

1. 询价范围和标段的确定

对劳务询价、部分专业工程询价相对简单一些，但如果对大部分投标工作内容都进行分包询价，则承包商就要合理确定如何划分询价的标段。分包商按承包商划分的标段报价，或者分包商根据自身实力进行标段组合或全部进行报价。当然，承包商也可以要求分包商分别按含全部材料或不含某些材料进行报价，以便进行选择。

2. 分包询价的内容要涵盖招标文件的全部要求

在招标投标法允许招标的分包范围内，把涉及分包项目的招标文件的要求（包括工程量清单，图纸，技术规格书，报价包括的内容、工期、质量、安全、措施项目、环保、付款、罚责等）详细摘录出来，作为分包询价的条件，这点很关键。如果不满足招标文件的要求，那么分包报价也就失去了参考意义。如某劳务分包询价是这样要求的：单价合同，人工、材料涨价在 ±5% 以内不允许调整综合单价，超出 ±5%，据实调整超出部分的价格。

3. 承包商与分包商工作界面的确定

除了询价范围和招标文件的要求外，承包商和分包商的界面可以进行约定，并在询价文件中进行明确，不然各分包商报出的价格没有可对比性。比如：临时设施、用水、用电、临时道路、试验检验、资料报验收等。

【例5-2】

承包商只负责国道至施工现场主道路的修筑和维护，其他的临时道路由分包商负责；承包商提供施工变压器，变压器以下的电缆及总控制柜、电表、施工配电箱柜等由分包商负责。

三、对分包商询价的评估

承包商可采取函件询价和招标询价的方式进行分包询价，分包商按承包商要求提供施工方案、业绩能力、报价等。承包商根据各分包商上报的文件进行评审，确定施工方案的可行性；评估分包商履约能力和类似业绩；分析当地市场和当地习惯，在此基础上分析各家的报价组成，并与自己编制的成本进行对比。需要时，让分包商进行答疑并进行详细的洽谈。

根据对分包商询价的评估，投标阶段承包商可以锁定分包商，也可以不锁定，如果锁定分包商的话，承包商和锁定的分包商要签订排他协议和分包协议。

【例5-3】

一个钢结构项目，承包商邀请分包商A、分包商B、分包商C进行分包询价。分包商第一次报价（未公开开标）经承包商对比分析，如表5-6所示。

各分包商报价汇总表　　表5-6

序号	项目名称及特征	单位	工程量	分包商A		分包商B		分包商C	
				综合单价（元）	合价（元）	综合单价（元）	合价（元）	综合单价（元）	合价（元）
1	实腹柱	t	1982	9587	19000879	9955	19731682	8388	16625769
2	钢管柱（除部位不同上，其余要求同上）	t	388	8963	3477535	9307	3611287	7842	3042843
3	钢墙架（除部位不同上，其余要求同上）	t	179	8963	1604327	9307	1666032	7842	1403786
4	钢支撑（除部位不同上，其余要求同上）	t	355	8963	3181766	9307	3304141	7842	2784045
	第一次报价	元			27264507		28313142		23856444
	第二次报价	元			27264507		27463748		28212444

注：1. 项目特征

（1）部位：见图纸设计；

（2）钢材品种、规格：Q235-B钢；

（3）探伤要求：至少对接焊缝的20%；

（4）除锈等级、方法：见图纸设计；

（5）钢结构表面除锈后，进行热镀锌防护；

（6）防锈漆共6遍：环氧富锌底漆2遍，漆膜厚度60～80μm；环氧云铁中间漆2遍，漆膜厚度40～50μm，氯化橡胶面漆2遍，漆膜厚度50～60μm；

2. 工程内容：制定、运输、拼装、安装、探伤、除锈、热镀锌、补涂防锈漆。

经承包商评审，三家分包商的能力、业绩均满足要求，分包商C的报价最低，但发现分包商C的方案中没有关于热镀锌防护的内容和做法，报价明细中也没有列出，其他两家均按技术规格书和报价表中的项目特征进行报价，报价明细里包含热镀锌防护的费用。

承包商分别与三个分包商进行洽谈后，各分包商进行了第二次报价，如表5-6所示。承包商A没有降价，承包商B降了3%，承包商C提高了价格。

本项目投标阶段没有锁定分包商，项目中标后，承包商把项目分成两部分，按分包商A的价格分别与分包商A、分包商B签订了分包合同。

四、非标设备询价

对国际工程投标项目，设备、材料询价必须提前进行，特别是一些非标设备，厂家报价的时间可能会比较长，有时候会影响投标报价的及时性和准确性。由于设备材料标准的不同，设计达不到比较详细的程度，所以不同标准的设备、材料要广泛积累供应商渠道，提前谋划，建立合作关系，不至于在投标的时候太过仓促。

五、防范竞争对手

如果是专业性较强、占造价比例又较大的分包项目，要防范分包商与竞争对手联合来误导承包商的报价。

如果承包商想往总包方向发展的话，要真正重视分包商资源的积累和挖掘，只有拥有了足够数量的、可以依赖的分包商资源，才能形成对自身的有力支撑，分包商之间才能够形成有效的竞争态势。投标阶段，承包商通过对分包商的初步选择和评估，定会对投标风险防控和提高市场竞争力提供有力的支撑。

第五节　如何做好投标答疑

在建筑市场上，发包人和承包人总在上演“猫和老鼠”的游戏，国家和行业制定的法律、法规、办法、示范文本等，发包人和投标人都站在各自的立场上进行研究，演变出一套有利于自己的游戏规则。有时候，发包人和特定的承包人又被一些经济利益和政治利益纠缠在一起，设立投标门槛，排斥其他承包人。

做过招标投标的朋友都知道，对招标文件中描述不清楚的内容，投标人可以进行投标答疑。投标人要不要问、怎么问，都是有一定的学问在里面的。做好投标答疑，以便为中标后的变更索赔埋下伏笔。

发包人对投标人提出的一些答疑问题，怎么回答也是有技巧的，一不小心可能就中了投标人的“圈套”。发包人喜欢用“投标人自行考虑”“见招标文件要求”等进行回复，以减少承包商中标后的变更索赔机会。

【例5-4】

在一个电厂项目投标中，我们来看看发包人和投标人在答疑、回复的过程中是如何做的。

在这个项目中，有一件1600t的超大型混凝土构件需要安放在设计要求的水域内，大型混凝土构件在附近的临时码头上进行预制，水上驳船运输至施工现场，进行水上安装。除了这个1600t超大型混凝土构件外，这个项目其他的预制构件都在500t以内。

有一个投标人提出问题：1600t预制混凝土构件是否可以分节进行预制和安装。这家投标人之所以提出这个问题，是基于自己公司有500t起吊能力的起重船，1600t预制混凝土构件如果能够分节预制，那么就不用再租赁更大的起重船或采取其他的施工方案了。

像这种情况应该属于投标人施工方案自行考虑的问题，发包人一般回复“由投标人自行考虑”。但这个项目的发包人，在征求了设计单位的意见后，本着实事求是的原则，做出如下回复：投标阶段，投标人可以按分节预制、安装考虑。这个回复不能说发包人是错误的，但极有可能给自己挖了一个“坑”。

这家投标人施工经验比较丰富，分节预制没问题，但分节预制后现场水上安装存在较大的不确定性，有可能会发生设计变更；但这个项目发包人对专业不是太清楚，发包人委托的设计院对水上施工也不是太明白。

如果发包人回复“由投标人自行考虑”，则发包人给出的是一个完整构件，至于分节不分节，投标人自己来考虑。如果分节安装实现不了，那就是投标人自己的事儿了。如果按发包人上述的回复，在项目实施后分节安装不能实现，则中标人需要租赁1600t以上起重船舶或采取其他施工方案，发包人就要承担据此增加的费用。

发包人对答疑问题的不同回复，所带来的结果是不一样的。

第六节　一切围绕评标办法

评标办法是发包人决定授标的主要依据。评标办法一般分为两种：最低价评标办法、综合评标办法。最低价评标办法一般针对技术难度不大、施工相对简单的工程项目；综合评标办法一般从报价、施工组织设计、经验（企业业绩、人员业绩、相关项目业绩）、能力（核心设备、财务状况）等方面进行打分，综合计算最终得分。以下针对综合评标办法进行叙述。

一、报价得分一般在60～70分，报价最关键

先说一下有效报价和计算平均值的定义。

1. 有效报价

一种情况是没有废标的报价即为有效报价，另一种情况是约定一个上限和下限，在两者之间没有废标的报价为有效报价。

2. 计算平均值

第1种情况：所有有效报价的平均值即为计算平均值；第2种情况：去掉一个最高报价、一个最低报价后，所有有效报价取平均值，即为计算平均值；第3种情况：报价最低3家（或几家）的有效报价取平均值，即为计算平均值。

3. 四种计算报价得分的方式

（1）计算平均值为基准值，投标人报价与基准值相同得满分，投标人报价与基准值相比，高、低都扣分（相同的高、低比例，高的扣分一般是低的扣分的2倍）。

（2）计算平均值为基准值，投标人报价与基准值相同得60分（以满分70分为例），投标人报价与基准值相比，高、低都加分（相同的高、低比例，低的加分是高的加分的2倍），或者高扣分、低加分。

（3）计算平均值降一定比例（如6%、8%、10%）为基准值，投标人报价与基准值相同得满分，投标人报价与基准值相比，高、低都扣分（相同的高、低比例，

高的扣分一般是低的扣分的2倍）。

（4）以发包人的限价和计算平均值再加权来计算基准值（与以上的扣分、加分原则相同，不再赘述）。

投标人报价的决策能力是能否中标的关键：一是要准确测算好自己的成本；二是要基本能够判断主要竞争对手的报价策略，所以投标人要积累和完善自己内部成本数据库，并且根据在市场上多年投标的经验，建立主要竞争对手的数据库。知己知彼，才能百战不殆。

二、施工组织设计得分一般在20～30分，技术、组织难度较大的项目，其一般施工组织设计分数也会高一些

在投标施工方案的编制过程中，除了对施工总体安排、施工进度计划及各类资源保障、主要施工方案、措施方案、HSE方案及保证措施等进行细致的编制外，特别提醒以下几点需要注意的事项：

（1）认真研究评标办法里关于施工组织设计的得分点，根据得分点编制施工方案的两级或三级目录，做到目录和内容紧扣得分点。如果不是“暗标”，施工组织设计中的目录和内容中的得分点宜用黑体展示，做到一目了然、醒目清楚。

（2）投标人可能对有些得分点的理解不清晰。这种情况下，要从发包人的期望和通常经验来理解；也可以通过答疑正式提出疑问来加深理解。如果投标人和发包人有过合作关系，也可以与发包人进行沟通，理解发包人对得分点真实的意图。

（3）施工组织设计编写内容不宜太多，要紧扣得分点；篇幅要进行设计，不能虎头蛇尾；各章节要在文字数量上有所平衡，做到精炼而不失重点，简洁而明确。

（4）宜用文字和图、表等结合的方式叙述，文字要提炼，图表可视性要强，让评委能够看明白。

（5）针对石油、化工、核电等项目，发包人有不同的重点要求。比如，石油、化工项目，发包人对HSE特别关注；核电项目，发包人对程序类的要求特别高，所以投标人要根据发包人的特殊要求进行重点的方案编制。

（6）施工组织设计的人员、设备配置必须满足招标文件的数量和型号要求，可以与实际资源配置不同，最主要的是响应招标文件的要求。

三、业绩、经验一般为 10 分，这方面的要求是硬性要求，有就得分，没有就不得分或者少得分

（1）业绩和经验要实事求是，不能弄虚作假，诚信是最根本的。

（2）投标文件填列的管理人员最好和中标后项目部的管理人员一致，特别是项目经理、项目总工等主要管理人员。如果不一致，以后变更会很麻烦，还面临人员无法履约罚款的问题。但如果选用的主要管理人员业绩和资历达不到招标文件的要求，那就选择满足要求的主要管理人员，先满足投标，项目中标后再研究对策。

（3）机械设备有自有和租赁两种选择，有的评分办法里会规定自有和租赁的评分，比如主要设备自有比例达到 80% 以上得满分，其他不同的比例得不同的分数。需要租赁的，在投标阶段要有租赁协议，放在投标文件中以便证明。

（4）项目的业绩和项目经理的业绩最好的证明材料首先是工程竣工验收证书，竣工证书上有发包人、监理的公章、签字，有项目经理的签字；其次是施工合同，有时还需要发包人开具发包人证明文件。投标人的行政聘任文件有时也可作为项目经理、项目总工等主要管理人员的经历证明。

（5）投标人有权利对发包人不合理的评标办法进行申诉，以便公平、公正。

投标阶段，投标人要认真研究招标文件，特别是评标办法，争取报价最合理，施工组织设计得高分，在业绩和经验方面根据自己企业的实际情况做到能得分的必须得分，能得满分的务必得满分，这样才能在众多的竞争对手中脱颖而出，赢得项目。

第七节　投标前那些“只能做，不能说”的事儿

投标工作功成在其外，说的是投标人在投标中能够胜出，除了做好投标的具体工作外，投标前的经营运作更为关键。能不能中标、能不能以较好的价格中标，都在于投标人在投标前的经营筹划。

一、研究政策

投标人要深入研究各省市的基建项目规划，根据自身能力和市场定位，提前确定未来的重点经营项目。投标人要广结朋友，以便准确、及时地获取政策信息、了解重点项目的前期进展情况等。

二、前期储备

对选定的重点项目，投标人应成立项目前期筹备组，提前做好关键技术、关键设备、关键资源的储备，根据项目特点，提前确定需要研究的课题。另外，投标人应以自身的经验、技术、人才等优势，积极创造条件，献言献策，充分做好与主管部门、发包人的沟通。投标人通过前期的储备和沟通，一是可以赢得发包人的信任；二是可以提前熟悉项目情况，为后期的投标工作打下坚实的基础。

三、策划模式

投标人越早介入项目，越全面地了解项目，越能更好地提前和发包人沟通，提出既能满足发包人需求又符合投标人自身利益的项目实施建议和双赢方案。投标人可以在项目模式（PPP 模式、EPC 模式、施工模式）、标段划分（标段打包或标段拆分）方面来影响发包人的决策。

四、项目发包人

投标人在投标前要充分了解发包人的招标程序、决策程序、关键决策人、具体负责人的情况，这是整个投标前期工作的关键。项目运作过程中，投标人可以通过高层拜访的形式，通过提供技术支持，展现公司的实力和业绩，给发包人留下一个深刻的印象。

五、设计沟通

投标人在项目前期与设计的沟通也是一项重要工作，旨在把投标人自身的优势体现在设计中，以便在投标的时候提高竞争力，并有可能增加技术、业绩、设备等方面的得分；同时，也为项目中标后进行变更索赔提前埋下伏笔。另外，在评标中，设计方一般都会参与项目评标。

六、评标办法

投标人要积极利用好代理人的关系，并真正理解发包人的需求，在评标办法编制上能够提供有利于体现自身优势的建议，比如说独有的专利、更多的类似业绩和获奖等加分条件。

七、竞争对手

投标人对竞争对手要进行深入的分析、研究，建立竞争对手的数据库，对不同区域、不同专业的投标竞争对手，要采取不同的策略。竞争一般分为几种情况：主要竞争、忽略竞争、相互联合、相互配合等。投标人要记住：对待竞争对手要有竞合的思维，不能一味地采取竞争的策略。

因此，一个项目能否中标，投标人对内和对外的工作都要做好，要多研究相关政策，提升自身能力，广泛建立自己的朋友圈，建立双赢、多赢的意识，为项目中标和后续项目实施打下基础。

项目投标风险管理这部分内容很多是针对一些大型项目、重点项目来说的，一般的项目可以省略一些程序，但实质的风险管理内容还是相同的。

一个项目投标可以看成是一个项目管理，但比项目管理更具有时效性、不可逆性，不容投标人任何的疏忽，因为没有从头再来的机会。做项目管理第二名也许觉得不错，但投标工作只有第一名，第二名就是失败者。

投标风险防控是项目管理风险防控的第一步，需要严格的程序、制度、组织来保证，需要具体数据的支撑，更需要投标人细致的工作。

“魔鬼藏在细节中”，它所表达的含义是，提醒人们不要忽略细节，往往是一些不被注意的、隐藏的细节，最终会产生巨大的、不利的影响。投标工作亦是如此。

第三部分
工程变更索赔管理

工程变更索赔是一个系统工程，涉及项目管理的各方面工作和各职能部门的管理人员。我们不能错误地认为，工程变更索赔只是造价工程师的职责，其实这种片面的认识是没有准确地理解工程变更索赔管理的内涵。

工程变更索赔是一个全流程管理，需要施工企业在开工前的策划，很多变更索赔从投标阶段和合同谈判阶段就需要进行统筹的策划；需要现场工程师和监理工程师确认原始数据；需要施工方案的支撑；需要收集发票等证据资料；需要内部流程的保证；需要详细研究合同和最新的政策文件；需要把握时机；需要建立考核制度；需要与监理、设计和业主的充分沟通等。

现实中我们会遇到很多工程结算的纠纷，主要原因之一就是工程变更索赔不能在施工过程中定案，施工企业没有对工程变更索赔进行系统的管理，比如，签订的合同不规范、项目实施过程中没有变更索赔管理制度和管理标准、不重视或不懂工程变更索赔的程序和具体内容、没有科学的职责分工和考核体系等。

因此，在做工程变更索赔时，不只关注具体业务层面的内容，更应该通过建立制度、标准、考核等来加强对变更索赔的管理。比如，编制一个索赔文件，需要技术、现场、物资、财务等人员的共同参与，项目部的造价工程师（或商务经理）去协调相关人员会比较困难，那可以通过制度建设来做这个事情。

通过以下项目“变更索赔意向表”可看到，一个变更索赔事件的发起，项目经理要进行批复：是否同意变更索赔：立项、时机、关系；按工作内容指定明确的责任人，明确完成时间。说简单一些，这个“变更索赔意向表”就是一个由项目经理批示的任务分工表：定人、定事、定任务。

变更索赔意向表

项目名称： **编号：**

发起人、发起时间	**发起人签字：** **发起时间：**
索赔事项名称	
索赔依据（原因）	
索赔内容（时间、部位、事项、工程量等内容）	
项目经理批复意见 1. 是否同意索赔； 2. 按生产、技术、预算等内容指定明确责任人； 3. 明确完成时间； 4. 其他	
相关责任人会签	

项目经理的指令、批示比你去协调各个部门和领导要顺畅很多，这就是如何通过建立制度、使用制度来完成工程变更索赔的实例。本部分除了包括具体业务操作和案例以外，还讲解了从实践中总结出来的这些管理制度和管理标准，相信对从事工程变更索赔的管理者和实际操作者都会有一定的帮助和启发。

第六章
工程变更索赔的内容

第一节　工程变更索赔的 5 个误区

一、认为项目的亏损都需要通过变更索赔来弥补

工程变更索赔的依据是合同，有的事件虽然增加了成本，但这些成本根据合同约定发包人是不会补偿的。比如总价合同，招标文件提供的工程量清单仅供参考，需要承包商自行填列项目和计算工程量，报价的时候可能遗漏了一个项目，那项目产生的成本就只能自己承受了，发包人不会承认你的这个漏项。

例如，项目开工时，承包商由于施工前期准备不足，造成后面抢工期而增加了成本，这种情况比较多见，这种因为承包商自己的原因造成的成本增加，不会得到发包人任何的补偿。

再例如，根据承包合同约定，由于发包人原因，累计停工 14 天以内，发包人不予补偿费用。

能得到发包人认可的变更索赔只能源于合同的约定，除非是道义索赔，后面也会说到道义索赔，但这种情况是极其特殊的。

二、怕提出变更索赔影响了和发包人的关系

大家在项目上有没有这种情况，我想肯定会遇到过：施工图延误几天不好意思找发包人索赔；付款拖延还要小心地去催要，更别说索赔了；发包人让抢工，加大资源投入，先干后算，完全服从；变更索赔今天不签字，就再等等吧，直至工程完

工发包人也没签认。

总之，过程中承包商也有挣扎、彷徨，最后却都变成了无奈。过程中没有留下证据，一旦工程出现问题，发包人反而怪罪到承包商头上，既维护不了和发包人的关系，自己的损失也得不到应有的补偿。

三、认为变更索赔只是造价工程师的事儿

这种认识是完全错误的。项目经理是变更索赔的第一责任人，变更索赔是一个系统工程，需要项目各专业的支持。在第五章也说到了，各专业和变更索赔都有密切关联。

所以，变更索赔要建立明确的职责分工，开工前需要对变更索赔进行策划，找出方向，明确目标，后面会有单独的一节来说变更索赔的分工。

四、认为总价合同价款不能调整

工程承包合同有三种模式：单价合同、总价合同和成本加酬金合同。实行工程量清单计价的工程应采用单价合同；建设规模较小，技术难度较低、工期较短且施工图设计已审查批准的建设工程可采用总价合同；紧急抢险、救灾以及施工技术特别复杂的建设工程可采用成本加酬金合同。

工程量清单计价的大背景下，单价合同运用得比较普遍，规则也比较清楚；成本加酬金合同虽然较公平，但操作起来存在很大难度；总价合同模式应用得也比较普遍，但对总价合同，很多人有一个先入为主的错误概念，那就是总价合同价格不能调整，其实这种认识是不对的，下面结合几种情况来说明一下。

1. 设计施工总承包合同（EPC 合同）

2020 年 3 月 1 日起实施的《房屋建筑和市政基础设施项目工程总承包管理办法》中关于建设单位承担的风险主要包括：（一）主要工程材料、设备、人工价格与招标时基期价相比，波动幅度超过合同约定幅度的部分；（二）因国家法律法规政策变化引起的合同价格的变化；（三）不可预见的地质条件造成的工程费用和工期的变化；（四）因建设单位原因产生的工程费用和工期的变化；（五）不可抗力造成的工程费用和工期的变化。具体风险分担内容由双方在合同中约定。

一般来说，对设计施工总承包合同，当发包人的使用功能、工程范围发生变化

时，合同价款可以调整，但合同另有约定的除外。

2. 施工总价合同中的设计变更

（1）施工图纸和招标图纸一致时，合同价格不调整，不管投标时列项是不是完整，工程量计算是否正确。

（2）施工图纸与招标图纸相比发生变化，属于设计变更，据实调整工程量和合同价款。还有另外一种约定：施工图纸和招标图纸相比发生变化，属于设计变更，但只调整超出一定比例的费用，比如，有的施工总价合同中是这样约定的：在工程变更价款增减在合同价款5%以内时，不予增减；工程变更价款增减在合同价款5%以外时，超过5%的部分给予增减。

3. 关于索赔条款的约定

不管是设计施工总承包合同还是施工总包合同，在施工过程中，通常会遇到材料价格上涨、不可预料的地质、恶劣气候、不可抗力、发包人违约等情况。当以上情况实际发生时，能否进行索赔、能索赔哪些，承包商和发包人都是可以在合同中约定的。

总之，总价合同价款能不能调整在于发包人和承包商双方签订的合同是如何约定的。但《中华人民共和国民法典》规定：对因重大误解订立的合同或在订立合同时显失公平的，当事人一方有权请求人民法院或者仲裁机构变更或者撤销。

五、认为单价合同中的综合单价不能调整

《建设工程工程量清单计价规范》GB 50500—2013规定：如果工程量偏差和工程变更原因导致工程量偏差出现较大幅度时，合同单价可以进行调整：按工程量清单招标投标的项目，当工程量偏差和工程变更等原因导致工程量偏差超过15%时，可调整综合单价，调整原则是：当工程量增加15%以上时，其增加部分的工程量的综合单价应予调低；当工程量减少15%以上时，减少后剩余部分的工程量的综合单价应予调高。

以上是《建设工程工程量清单计价规范》GB 50500—2013的规定，实际工作中如果出现上述这种情景，是否可以调整综合单价，还是要看甲乙双方具体的合同的约定。

六、合同价款能否调整的六问

（1）是谁的原因造成的？

（2）是 EPC 合同、总价合同、单价合同、定额据实结算合同，还是成本加酬金合同？

（3）签订的合同中通用合同条件和专用合同条件（有的还有项目专用合同条件、附带的管理办法等）是怎么约定的？

（4）签订的合同中没有约定或约定不清的条款，在《建设工程施工合同（示范文本）》GF-2017-0201、《建设工程工程量清单计价规范》GB 50500—2013、《设计施工总承包合同示范文本》等资料中是怎么约定的？

（5）发包人管理部门有没有颁布新的政策文件？法律法规有没有新的变化？

（6）如果签订了工程一切险合同，保险条款是如何约定的？

第二节　工程变更的原因、范围、估价原则和程序

一、工程变更的原因

工程变更的原因按以下 6 个方面进行分类：

1. 发包人原因

工程规模、使用功能、工艺流程、质量标准的变化、工期改变等合同内容的调整。

2. 设计原因

设计错漏、设计调整，或因自然因素及其他因素而进行的设计改变等。

3. 施工原因

因施工质量或安全需要变更施工方法、作业顺序和施工工艺等。

施工方案变更一般由施工单位提出，前提是不降低发包人要求，其目的是方便施工和成本的降低。发包人对施工方案变更要进行审批，费用一般不会进行调整，除非是外部条件和合同条件等发生变化。

【例6-1】

某市政工程，投标时对于水泥稳定土考虑的是厂拌。项目中标后，施工单位将厂拌改为路拌，这同样可以达到质量和环保的要求，发包人也同意进行变更。这是施工单位出于成本降低考虑而提出的施工方案变更。

4. 监理原因

监理工程师出于工程协调和对工程目标控制有利的考虑而提出的施工工艺、施工顺序的变更。

5. 合同原因

原签订合同部分条款因客观条件发生变化，需要结合实际进行修正和补充。

6. 环境原因

不可预见的自然因素和工程外部环境变化导致工程变更。

二、工程变更的范围

除专用合同条款另有约定外，合同履行过程中发生以下情形的，可以进行变更：

（1）增加或减少合同中任何工作，或追加额外的工作；

（2）取消合同中任何工作，但转由他人实施的工作除外；

（3）改变合同中任何工作的质量标准或其他特性；

（4）改变工程的基线、标高、位置和尺寸；

（5）改变工程的时间安排或实施顺序。

【例6-2】

某防洪堤水利项目，在做上部结构防洪墙体的时候，承包商发现发包人的高程体系不对，及时和监理、发包人进行复核，结果确实搞错了标高，还好防洪墙只施工了50m的长度，经与发包人和设计方沟通后，拆除原来做的50m防洪墙，增加20cm墙体的高度，重新按设计院出图进行施工。发包人对拆除的费用和新增加的工程量给予了费用调增。

三、变更权

发包人和监理人均可以提出变更。变更指示均通过监理人发出，监理人发出变更指示前应征得发包人的同意。承包人收到经发包人签认的变更指示后，方可实施变更。未经许可，承包人不得擅自对工程的任何部分进行变更。涉及设计变更的，应由设计人提供变更后的图纸和说明。

四、工程变更的程序

1. 发包人提出变更

发包人提出变更的，应通过监理人向承包人发出变更指示，变更指示应说明计划变更的工程范围和变更的内容。

2. 监理人提出变更建议

监理人提出变更建议的，需要向发包人以书面形式提出变更计划，说明计划变更的工程范围和变更的内容、理由，以及实施该变更对合同价格和工期的影响。发包人同意变更的，由监理人向承包人发出变更指示。

发包人不同意变更的，监理人无权擅自发出变更指示。

3. 变更执行

承包人收到监理人下达的变更指示后，认为不能执行，应立即提出不能执行该变更指示的理由。

承包人认为可以执行变更的，应当书面说明实施该变更指示对合同价格和工期的影响，且合同当事人应当按照合同约定的变更估价原则来合理确定变更费用。

五、变更估价原则

除专用合同条款另有约定外，变更估价应按以下约定处理：

（1）已标价工程量清单有相同项目的，按照相同项目单价认定；

（2）已标价工程量清单中无相同项目，但有类似项目的，参照类似项目的单价认定；

（3）变更导致实际完成的变更工程量与已标价工程量清单中列明的该项目工程量的变化幅度超过15%的，或已标价工程量清单中无相同项目及类似项目单价的，按照合理的成本与利润构成的原则，由合同当事人商定或确定变更工程单价。

六、变更估价程序

承包人在收到变更指示后 14 天内，向监理人提交变更估价申请。监理人应在收到承包人提交的变更估价申请后 7 天内审查完毕并报送发包人，监理人对变更估价申请有异议，通知承包人修改后重新提交。发包人应在承包人提交变更估价申请后 14 天内审批完毕。发包人逾期未完成审批或未提出异议的，视为认可承包人提交的变更估价申请。因变更引起的价格调整应计入最近一期的进度款中支付。

七、变更引起的工期调整

因变更引起工期变化的，合同当事人均可要求调整合同工期，由合同当事人商定或确定增减工期天数。

工期的增减天数可以参考工程所在地的工期定额标准，也可以根据施工进度计划、资源投入、工效等因素据实调整。

八、计日工

承包商需要采用计日工方式的，经发包人同意后，由监理人通知承包人以计日工计价方式实施相应的工作，其价款按列入已标价工程量清单中的计日工计价项目及其单价进行计算；已标价工程量清单中无相应的计日工单价的，按照合理的成本与利润构成的原则，由合同当事人合理商定或确定计日工的单价。

采用计日工计价的任何一项工作，承包人应在该项工作实施过程中，每天提交以下报表和有关凭证报送监理人审查：

（1）工作名称、内容和数量；

（2）投入该工作的所有人员的姓名、专业、工种、级别和耗用工时；

（3）投入该工作的材料类别和数量；

（4）投入该工作的施工设备型号、台数和耗用台时；

（5）其他有关资料和凭证。

计日工由承包人汇总后，列入最近一期进度付款申请单，由监理人审查并经发包人批准后列入进度付款。

综上所述，变更的范围、程序、估价原则等是基于工程量清单计价模式下的通用条款，对施工总价合同、EPC 合同关于变更的定义和风险责任分担是不同的。

不管是单价合同、施工总价合同、EPC 合同，工程变更价款是否可以调整、如何调整，要看合同专用条款中的规定。有的规定是变更据实调整，有的规定是对超过一定百分比的部分进行调整，EPC 合同对设计变更是不予调整的。所以，承包商要针对不同的合同价款调整方式，选择不同的工程变更策略。

下面举两个例子：

【例6-3】

一个专用合同条款中关于变更价款调整的例子

某工程设计变更，承包商的索赔证据材料齐全，经过监理、发包人审核，最终确认此工程设计变更增加价款 280 万，但在结算时发包人不同意支付设计变更增加的价款，发包人认为，根据所签订合同中的合同条款 17.3：“工程变更价款（增或减）在本工程施工费用的 5% 以内时，不予增减，工程变更价款（增或减）在本工程施工费用的 5% 以外时，超过 5% 的部分给予增减。”该工程合同金额为 7200 万元，设计变更增加 280 万元没有超过合同金额的 5%，所以发包人不支付此部分索赔金额。

承包商对 280 万变更进行了分解，其中 150 万属于新增加的项目，不应该理解为设计变更，最后发包人同意支付 150 万元增项费用。

所以，费用的增加是因为设计变更引起的，还是因为新增加项目引起的，要区分开来，如果是新增加项目引起费用增加，则不受5%的限制，应该据实调增。

【例6-4】

没有变更图纸，施工承包商应该何去何从？

某水利取水管 EPC 项目，A 设计院为 EPC 总承包商，B 承包商为施工分包商，在项目实施过程中，由于地质条件发生变化，原设计中部分取水管道的基础形式和回填材料不能满足设计要求。

据此，A 设计院和 B 承包商多次召开会议，对不能满足设计要求的基础形式和回填材料进行了变更，相关意见体现在了双方的会议纪要中，但 A 设计院没有出具变更图纸和变更通知单。

项目完工后，B承包商与A设计院进行结算，A设计院对变更不予确认，B承包商再去查会议纪要的内容，发现会议纪要中对此事的责任没有明确，对变更的部位、具体做法和工程量也没有说明。

A设计院和B承包商的分包合同为单价合同，设计变更的工程量据实调整，地质条件的变化不属于B承包商的风险范畴，但A设计院和发包人的EPC合同中明确地质条件风险属于EPC总承包商的责任。

施工过程中，A设计院没有出具变更图纸是有意而为之，就是想转嫁地质条件的风险给B承包商。

其实，B承包商是施工分包商，按图施工是再简单不过的道理了，有变更必须要求设计院出图，这不但涉及费用的问题，还涉及质量、安全责任的问题。像这个项目，如果真的出现了质量问题，设计又没有出具变更图纸，会议纪要又没有翔实的记录，就说不清楚是谁的责任了。

"按图施工"是基本的程序和底线！

第三节　工程索赔的概念、分类、依据和内容

一、工程索赔的概念

工程索赔通常是指在工程合同履行过程中，合同当事人一方因对方不履行或未能正确履行合同，或者由于其他非自身因素而受到经济损失或权利损害，通过合同规定的程序向对方提出经济或时间补偿要求的行为。

二、工程索赔的分类

1. 按索赔的目的分类

工程索赔按索赔的目的分为工期索赔和费用索赔。

举例：某合同专用条款约定：承包人应认真考虑本项目因征地拆迁等外部环境或不可抗力因素影响导致开工迟缓或整体工期顺延等情况，相应费用不另行补偿。上面的合同约定：可以索赔工期，但不能索赔费用。

2. 按索赔的依据分类

工程索赔按索赔的依据分为合同规定的索赔和非合同规定的索赔（道义索赔）。

道义索赔是指承包商在投标时由于重大失误或施工过程中因意外事件遭受损失，但合同中找不出索赔依据，向发包人提出给以适当经济补偿的要求。

通情达理的发包人从自己的利益和道义考虑，往往会给承包商以同情的照顾。这种索赔在实践中不多见，是发包人与承包商双方友好合作精神的体现。如果发包人给予补偿的话，也是通过一些别的途径来进行补偿。

【例6-5】

有个项目，工程量清单中路面的计量单位为立方米，投标时承包商按平方米报价，由于失误承包商损失近 400 万元，在施工过程中，承包商多次与发包人沟通，提出进行补偿，发包人也很理解承包商的苦衷，但找不出给予补偿的理由，最后，从合同外项目的取费上提高了一些，给了部分补偿。

3. 按索赔的对象分类

工程索赔按索赔对象分为索赔和反索赔。

索赔通常指承包商向发包人提出的索赔；反索赔常指发包人向承包商提出的索赔。

反索赔一般在工期上比较常见，工期索赔一般也比较复杂，工期延误涉及的内、外部条件也比较多。合同条款中，发包人都有对工期完不成的罚款约定，一般按天约定罚款的金额或比例。罚款总额一般不超过合同额的 10%；但有的达到合同额的 30%，还有的约定承包商要承担因工期延误造成项目运营的损失。

所以，承包商必须保证合同工期的实现，如果施工过程中非承包商原因造成工期延误，则必须做好工期的索赔，明确承包商与发包人的责任，为费用索赔和发包人的反索赔提供证据资料。

三、工程索赔的依据

工程索赔的依据是合同文件、过程中的相关文件，广义来说，过程中的相关文件也视为合同文件的组成部分。

除专用条款另有约定外，组成建设工程施工合同的文件及优先解释顺序如下：①合同协议书；②中标通知书；③投标函及其附录；④合同专用条款及附件；⑤合同通用条款；⑥技术标准和要求；⑦图纸；⑧已标价的工程量清单或预算书；⑨其他合同文件。

技术标准和要求比图纸、已标价的工程量清单或预算书优先，所以在投标、合同谈判时要特别注意。

工程变更、来往信函、指令、通知、答复、会议纪要等应视为合同文件的组成部分。在合同订立及履行过程中形成的与合同有关的文件均构成合同文件的组成部分。上述各项合同文件包括合同当事人就该项合同文件所做出的补充和修改，属于同一类内容的文件，应以最新签署的为准。

合同谈判的结果要在合同中体现出来，为了更加明确，合同谈判的双方共识最好形成会议纪要，作为合同协议书的一部分。项目实施过程中承包商与发包人的往来通话必须要形成文字记录，有时候口头表述的要及时形成会议纪要，双方签字认可。

【例6-6】

某市政工程，投标时承包商没有认真研究技术规格书，在投标方案编制和报价时，水泥稳定土考虑路拌，而技术规格书要求厂拌。项目中标后，承包商只能按技术规格书要求的厂拌组织水泥稳定土的施工，这样比投标时就增加了拌合站建设和运营的费用、水泥稳定土运输的费用，承包商对此也进行了索赔；但因没有索赔的正当理由，发包人拒绝索赔。

四、工程索赔的内容

1. 不利的自然条件与人为障碍引起的索赔

这类条件或障碍是指一个有经验的承包商无法合理预见到的并在施工中发生了的，增加了施工的难度并导致承包商花费更多的时间和费用。

2. 异常恶劣的气候条件引起的索赔

【例6-7】

通用合同条款规定：由于出现专用合同条款规定的异常恶劣气候的条件导

致工期延误的，承包人有权要求发包人延长工期。

专用合同条款规定：异常气候条件是指项目所在地20年一遇的罕见气候现象（包括温度、降水、降雪、风等）。异常恶劣的气候条件在项目专用合同条款中作具体规定。

项目专用条款规定：异常恶劣的气候条件范围是指龙卷风、暴雨、台风、洪水等对工程破坏严重的气候条件。

本案例中约定的异常恶劣的气候条件可以索赔工期，但不可以索赔费用。异常恶劣气候造成的损失可以通过购买工程一切险来防控风险。

3. 工期延长和延误引起的索赔

索赔包括工期索赔和费用索赔两方面，应分别编制，因为这两方面索赔不一定同时成立。

属发包人和监理工程师方面的原因造成的工期拖延，不仅应给承包商适当地延长工期，还应给予相应的费用补偿，但合同条款另有约定的除外。

即使上述原因造成工期延误，如果受影响的工程并非处在工程施工进度网络计划的关键线路上，则承包人无权要求延长总工期。

4. 加速施工引起的索赔

有时发包人或监理工程师会发布加速施工指令（非承包商的任何责任和原因引起），会导致施工成本增加，引起索赔。发包人可采取奖励方法解决施工的费用补偿，或据时增加赶工费用，激励承包商克服困难，提前完工。

因发包人要求加快工期，承包商可以得到补偿，但承包商自身延误而加快抢工，则得不到补偿，所以工期的延误、抢工的责任要划分清楚。加速施工的费用不太好确定，没有可参考的单价，也没有定额，所以要做好加速施工的现场记录，包括新增加人员数量、机械设备的进退场和使用时间，措施项目费的投入等，要及时得到监理和发包人的签认。

承包商接到监理发布的加速施工的指令后，要及时编制详细的赶工方案报监理、发包人审批，赶工方案要附赶工费用或费用计算的原则，赶工方案审批后，方可进行赶工的相关资源投入。

5. 因非承包商的责任及原因引起施工临时中断和工效降低而引起的索赔

【例6-8】

在一个合同谈判过程中，发包人的合同条款是这样约定的：如果发包人提供的物料、设备和图纸延迟未超过 14 天，则分包商将无权要求任何延期或索赔额外费用。

承包商意见：若上述事件多次发生，将对整体工期产生巨大影响，无法如期完工，若进行抢工，将发生大量费用，建议发包人对此条合同条款进行修改。

在合同谈判的时候，对这种明显不合理的条款一定要据理力争。

6. 发包人不正当地中止或终止工程而引起的索赔

7. 发包人风险和特殊风险引起的索赔

8. 物价上涨引起的索赔

【例6-9】

天津某房屋建筑项目，合同金额 1.58 亿元，其中材料费约 9900 万元，占合同金额的 60% 以上。

该工程于 2017 年 3 月 1 日开工以来，受全运会影响，钢材、水泥、碎石、砂、商品混凝土等材料价格大幅度上涨，施工成本急剧增加，已超出承包商承受的范围，影响到工程进度。

承包商认真研究合同条款，仔细解读合同中关于价格调整的规定。在施工合同中有如下规定：本合同价款为固定综合单价合同，合同履行期间，综合单价原则上不调整（若材料价格涨幅较大，双方协商在结算时调整单价）。

对于材料涨价，承包商按照施工合同约定，计划合同部每月收集材料采购发票，对照投标报价书中装入的材料价格，对进度报表中各施工项目燃油、钢材、商品混凝土等材料价格进行调整，然后以联系单形式每月月底上报发包人。

由于索赔理由充足，过程中证据资料准备充分，并在每月以联系单的方式进行确认，最后物价上涨引起索赔比较成功。三者缺一不可：理由、证据、及时签认。

9. 拖欠支付工程款引起的索赔

10. 因合同条文模糊不清、错误引起的索赔

11. 法规、货币及汇率变化引起的索赔

《建设工程工程量清单计价规范》GB 50500—2013 约定：招标工程以投标截止日前 28 天、非招标工程以合同签订前 28 天为基准日，其后因国家的法律、法规、规章和政策发生变化引起工程造价增减变化的，发承包双方应按照省级或行业建设主管部门或其授权的工程造价管理机构据此发布的规定调整合同价款。

因承包人原因导致工期延误的，按上述规定的调整时间，在合同工程原定竣工时间之后，合同价款调增的不予调整，合同价款调减的予以调整。

12. 其他承包商的干扰

其他承包商未能按时按序按质完成某项工作，各承包商配合不好而给本承包商的工作造成不良影响，被迫延迟工作。如前面工序的承包商未按时间要求完成工作，使场地使用、现场交通方面产生干扰等。

第四节　EPC 合同模式下有哪些应由发包人承担的费用

《建设项目工程总承包合同（示范文本）》（以下简称《示范文本》）自 2021 年 1 月 1 日起开始执行，很多人对工程总承包合同有一个先入为主的认识，那就是既然是总承包合同，合同价款还有调整的余地吗？其实这种认识是一个误区，我们结合《示范文本》的通用合同条件和大家一起学习一下哪些费用和工期延误应由发包人来承担。

《示范文本》使用有两个前提：《示范文本》适用于房屋建筑和市政基础设施项目工程总承包承发包活动；《示范文本》为推荐使用的非强制性使用文本。

第 1 条　一般约定

1.4.3　没有相应成文规定的标准、规范时，由发包人在专用合同条件中约定的时间向承包人列明技术要求，承包人按约定的时间和技术要求提出实施方法，经发包人认可后执行。承包人需要对实施方法进行研发试验的，或须对项目人员进行特殊培训及其有特殊要求的，除签约合同价已包含此项费用外，双方应另行订立协议作为合同附件，其费用由发包人承担。

1.6.1　发包人文件的提供

发包人应按照专用合同条件约定的期限、数量和形式向承包人免费提供前期工作相关资料、环境保护、气象水文、地质条件进行工程设计、现场施工等工程实施所需的文件。因发包人未按合同约定提供文件造成工期延误的，按照第8.7.1项［因发包人原因导致工期延误］约定办理。

1.7.3　发包人和承包人应当及时签收另一方通过约定的送达方式送达收件地址的来往文件。拒不签收的，由此增加的费用和（或）延误的工期由拒绝接收一方承担。

1.9　化石、文物

发包人、工程师和承包人应按有关政府行政管理部门要求采取妥善的保护措施，由此增加的费用和（或）延误的工期由发包人承担。

1.12　《发包人要求》和基础资料中的错误

承包人应尽早认真阅读、复核《发包人要求》以及其提供的基础资料，发现错误的，应及时书面通知发包人补正。发包人作相应修改的，按照第13条［变更与调整］的约定处理。

《发包人要求》或其提供的基础资料中的错误导致承包人增加费用和（或）工期延误的，发包人应承担由此增加的费用和(或)工期延误，并向承包人支付合理利润。

第2条　发包人

2.2.3　逾期提供的责任

因发包人原因未能按合同约定及时向承包人提供施工现场和施工条件的，由发包人承担由此增加的费用和（或）延误的工期。

2.3　提供基础资料

……因发包人原因未能在合理期限内提供相应基础资料的，由发包人承担由此增加的费用和延误的工期。

2.4　办理许可和批准

2.4.2　因发包人原因未能及时办理完毕前述许可、批准或备案，由发包人承担由此增加的费用和（或）延误的工期，并支付承包人合理的利润。

第3条　发包人的管理

3.2　发包人人员

发包人应要求在施工现场的发包人人员遵守法律及有关安全、质量、环境保护、文明施工等规定，因发包人人员未遵守上述要求给承包人造成的损失和责任由发包人承担。

3.5.2　承包人收到工程师作出的指示后应遵照执行。如果任何此类指示构成一项变更时，应按照第 13 条［变更与调整］的约定办理。

3.5.3　由于工程师未能按合同约定发出指示、指示延误或指示错误而导致承包人费用增加和（或）工期延误的，发包人应承担由此增加的费用和（或）工期延误，并向承包人支付合理利润。

3.6.4　在该争议解决前，双方应暂按工程师的确定执行。按照第 20 条［争议解决］的约定对工程师的确定作出修改的，按修改后的结果执行，由此导致承包人增加的费用和延误的工期由责任方承担。

第 4 条　承包人

4.2　履约担保

因承包人原因导致工期延长的，继续提供履约担保所增加的费用由承包人承担；非因承包人原因导致工期延长的，继续提供履约担保所增加的费用由发包人承担。

4.7.2　……承包人提交投标文件，视为承包人已对施工现场及周围环境进行了踏勘，并已充分了解评估施工现场及周围环境对工程可能产生的影响，自愿承担相应风险与责任。在全部合同工作中，视为承包人已充分估计了应承担的责任和风险，但属于 4.8 款［不可预见的困难］约定的情形除外。

4.8　不可预见的困难

承包人遇到不可预见的困难时，应采取克服不可预见的困难的合理措施继续施工，并及时通知工程师并抄送发包人。通知应载明不可预见的困难的内容、承包人认为不可预见的理由以及承包人制定的处理方案。工程师应当及时发出指示，指示构成变更的，按第 13 条［变更与调整］约定执行。承包人因采取合理措施而增加的费用和（或）延误的工期由发包人承担。

第 5 条　设计

5.1.3　法律和标准的变化

在基准日期之后，因国家颁布新的强制性规范、标准导致承包人的费用变化的，发包人应合理调整合同价格；导致工期延误的，发包人应合理延长工期。

5.2.1　根据《发包人要求》应当通过工程师报发包人审查同意的承包人文件，

承包人应当按照《发包人要求》约定的范围和内容及时报送审查。

合同约定的审查期满，发包人没有做出审查结论也没有提出异议的，视为承包人文件已获发包人同意。

5.2.3　承包人文件需政府有关部门或专用合同条件约定的第三方审查单位审查或批准的，发包人应在发包人审查同意承包人文件后 7 天内，向政府有关部门或第三方报送承包人文件，承包人应予以协助。

对于政府有关部门或第三方审查单位的审查意见，不需要修改《发包人要求》的，承包人需按该审查意见修改承包人的设计文件；需要修改《发包人要求》的，承包人应按第 13.2 款［承包人的合理化建议］的约定执行。上述情形还应适用第 5.1 款［承包人的设计义务］和第 13 条［变更与调整］的有关约定。

政府有关部门或第三方审查单位审查批准后，承包人应当严格按照批准后的承包人文件实施工程。政府有关部门或第三方审查单位批准时间较合同约定时间延长的，竣工日期相应顺延。因此给双方带来的费用增加，由双方在负责的范围内各自承担。

第 6 条　材料、工程设备

6.2.1　发包人提供的材料和工程设备

发包人需要对进场计划进行变更的，承包人不得拒绝，应根据第 13 条［变更与调整］的规定执行，并由发包人承担承包人由此增加的费用，以及引起的工期延误。承包人需要对进场计划进行变更的，应事先报请工程师批准，由此增加的费用和（或）工期延误由承包人承担。

发包人提供的材料和工程设备的规格、数量或质量不符合合同要求，或由于发包人原因发生交货日期延误及交货地点变更等情况的，发包人应承担由此增加的费用和（或）工期延误，并向承包人支付合理利润。

承包人应按照已被批准的第 8.4 款［项目进度计划］规定的数量要求及时间要求，负责组织材料和工程设备采购（包括备品备件、专用工具及厂商提供的技术文件），负责运抵现场。合同约定由承包人采购的材料、工程设备，除专用合同条件另有约定外，发包人不得指定生产厂家或供应商，发包人违反本款约定指定生产厂家或供应商的，承包人有权拒绝，并由发包人承担相应责任。

在履行合同过程中，由于国家新颁布的强制性标准、规范，造成承包人负责提供的材料和工程设备，虽符合合同约定的标准，但不符合新颁布的强制性标准时，由承包人负责修复或重新订货，相关费用支出及导致的工期延长由发包人负责。

6.2.3 材料和工程设备的保管

发包人供应的材料和工程设备使用前，由承包人负责必要的检验，检验费用由发包人承担，不合格的不得使用。

6.4.1 工程质量要求

因承包人原因造成工程质量未达到合同约定标准的，发包人有权要求承包人返工直至工程质量达到合同约定的标准为止，并由承包人承担由此增加的费用和（或）延误的工期。因发包人原因造成工程质量未达到合同约定标准的，由发包人承担由此增加的费用和（或）延误的工期，并支付承包人合理的利润。

6.4.3 隐蔽工程检查

承包人覆盖工程隐蔽部位后，工程师对质量有疑问的，可要求承包人对已覆盖的部位进行钻孔探测或揭开重新检查，承包人应遵照执行，并在检查后重新覆盖恢复原状。经检查证明工程质量符合合同要求的，由发包人承担由此增加的费用和（或）延误的工期，并支付承包人合理的利润；经检查证明工程质量不符合合同要求的，由此增加的费用和（或）延误的工期由承包人承担。

6.5.3 材料、工程设备和工程的试验和检验

工程师对承包人的试验和检验结果有异议的，或为查清承包人试验和检验成果的可靠性要求承包人重新试验和检验的，可由工程师与承包人共同进行。重新试验和检验的结果证明该项材料、工程设备或工程的质量不符合合同要求的，由此增加的费用和（或）延误的工期由承包人承担；重新试验和检验结果证明该项材料、工程设备和工程符合合同要求的，由此增加的费用和（或）延误的工期由发包人承担。

6.5.4 现场工艺试验

承包人应按合同约定进行现场工艺试验。对大型的现场工艺试验，发包人认为必要时，承包人应根据发包人提出的工艺试验要求，编制工艺试验措施计划，报送发包人审查。

6.6.2 承包人应遵守第6.6.1项下指示，并在合理可行的情况下，根据上述指示中规定的时间完成修补工作。除因下列原因引起的第6.6.1项第（3）目下的情形外，

承包人应承担所有修补工作的费用：

（1）因发包人或其人员的任何行为导致的情形，且在此情况下发包人应承担因此引起的工期延误和承包人费用损失，并向承包人支付合理的利润。

（2）第 17.4 款［不可抗力后果的承担］中适用的不可抗力事件的情形。

第 7 条　施工

7.1.1　出入现场的权利

除专用合同条件另有约定外，发包人应根据工程实施需要，负责取得出入施工现场所需的批准手续和全部权利，以及取得因工程实施所需修建道路、桥梁以及其他基础设施的权利，并承担相关手续费用和建设费用。承包人应协助发包人办理修建场内外道路、桥梁以及其他基础设施的手续。

7.1.2　场外交通

除专用合同条件另有约定外，发包人应提供场外交通设施的技术参数和具体条件，场外交通设施无法满足工程施工需要的，由发包人负责承担由此产生的相关费用。承包人应遵守有关交通法规，严格按照道路和桥梁的限制荷载行驶，执行有关道路限速、限行、禁止超载的规定，并配合交通管理部门的监督和检查。承包人车辆外出行驶所需的场外公共道路的通行费、养路费和税款。

7.2.1　承包人提供的施工设备和临时设施

除专用合同条件另有约定外，承包人应自行承担修建临时设施的费用，需要临时占地的，应由发包人办理申请手续并承担相应费用。承包人应在专用合同条件 7.2 款约定的时间内向发包人提交临时占地资料，因承包人未能按时提交资料，导致工期延误的，由此增加的费用和（或）竣工日期延误，由承包人负责。

7.3　现场合作

除专用合同条件另有约定外，如果承包人提供上述合作、条件或协调在考虑到《发包人要求》所列内容的情况下是不可预见的，则承包人有权就额外费用和合理利润从发包人处获得支付，且因此延误的工期应相应顺延。

7.6.1　安全生产要求

因安全生产需要暂停施工的，按照第 8.9 款［暂停工作］的约定执行。

7.6.5　安全生产责任

发包人应负责赔偿以下各种情况造成的损失：

（1）工程或工程的任何部分对土地的占用所造成的第三者财产损失；

（2）由于发包人原因在施工现场及其毗邻地带、履行合同工作中造成的第三者人身伤亡和财产损失；

（3）由于发包人原因对发包人自身、承包人、工程师造成的人身伤害和财产损失。

承包人应负责赔偿由于承包人原因在施工现场及其毗邻地带、履行合同工作中造成的第三者人身伤亡和财产损失。

如果上述损失是由于发包人和承包人共同原因导致的，则双方应根据过错情况按比例承担。

7.8.1　承包人负责在现场施工过程中对现场周围的建筑物、构筑物、文物建筑、古树、名木，及地下管线、线缆、构筑物、文物、化石和坟墓等进行保护。因承包人未能通知发包人，并在未能得到发包人进一步指示的情况下，所造成的损害、损失、赔偿等费用增加，和（或）竣工日期延误，由承包人负责。如承包人已及时通知发包人，发包人未能及时作出指示的，所造成的损害、损失、赔偿等费用增加，和（或）竣工日期延误，由发包人负责。

7.9.1　提供临时用水、用电等和节点铺设

除专用合同条件另有约定外，发包人应在承包人进场前将施工临时用水、用电等接至约定的节点位置，并保证其需要。上述临时使用的水、电等的类别、取费单价在专用合同条件中约定，发包人按实际计量结果收费。发包人无法提供的水、电等在专用合同条件中约定，相关费用由承包人纳入报价并承担相关责任。

发包人未能按约定的类别和时间完成节点铺设，使开工时间延误，竣工日期相应顺延。未能按约定的品质、数量和时间提供水、电等，给承包人造成的损失由发包人承担，导致工程关键路径延误的，竣工日期相应顺延。

7.11　工程照管

如部分工程于竣工验收前提前交付发包人的，则自交付之日起，该部分工程照管及维护职责由发包人承担。

第 8 条　工期和进度

8.1.2　开始工作通知

除专用合同条件另有约定外，因发包人原因造成实际开始现场施工日期迟于

计划开始现场施工日期后第 84 天的，承包人有权提出价格调整要求，或者解除合同。发包人应当承担由此增加的费用和（或）延误的工期，并向承包人支付合理利润。

8.2　竣工日期

因发包人原因，在工程师收到承包人竣工验收申请报告 42 天后未进行验收的，视为验收合格，实际竣工日期以提交竣工验收申请报告的日期为准，但发包人由于不可抗力不能进行验收的除外。

8.7.1　因发包人原因导致工期延误

在合同履行过程中，因下列情况导致工期延误和（或）费用增加的，由发包人承担由此延误的工期和（或）增加的费用，且发包人应支付承包人合理的利润：

（1）根据第 13 条［变更与调整］的约定构成一项变更的；

（2）发包人违反本合同约定，导致工期延误和（或）费用增加的；

（3）发包人、发包人代表、工程师或发包人聘请的任意第三方造成或引起的任何延误、妨碍和阻碍；

（4）发包人未能依据第 6.2.1 项［发包人提供的材料和工程设备］的约定提供材料和工程设备导致工期延误和（或）费用增加的；

（5）因发包人原因导致的暂停施工；

（6）发包人未及时履行相关合同义务，造成工期延误的其他原因。

8.7.3　行政审批迟延

合同约定范围内的工作需国家有关部门审批的，发包人和（或）承包人应按照专用合同条件约定的职责分工完成行政审批报送。因国家有关部门审批迟延造成工期延误的，竣工日期相应顺延。造成费用增加的，由双方在负责的范围内各自承担。

8.7.4　异常恶劣的气候条件

承包人应采取克服异常恶劣的气候条件的合理措施继续施工，并及时通知工程师。工程师应当及时发出指示，指示构成变更的，按第 13 条［变更与调整］约定办理。承包人因采取合理措施而延误的工期由发包人承担。

8.8.1　发包人指示承包人提前竣工且被承包人接受的，应与承包人协商采取加快工程进度的措施和修订项目进度计划。发包人应承担承包人由此增加的费用，增加的费用按第 13 条［变更与调整］的约定执行；发包人不得以任何理由要求承包人超过合理限度压缩工期。承包人有权不接受提前竣工的指示，工期按照合同约定执行。

8.8.2 承包人提出提前竣工的建议且发包人接受的，应与发包人协商采取加快工程进度的措施和修订项目进度计划。发包人应承担承包人由此增加的费用，增加的费用按第 13 条［变更与调整］的约定执行，并向承包人支付专用合同条件约定的相应奖励金。

8.9.1 由发包人暂停工作

发包人认为必要时，可通过工程师向承包人发出经发包人签认的暂停工作通知，应列明暂停原因、暂停的日期及预计暂停的期限。承包人应按该通知暂停工作。

承包人因执行暂停工作通知而造成费用的增加和（或）工期延误由发包人承担，并有权要求发包人支付合理利润，但由于承包人原因造成发包人暂停工作的除外。

8.9.2 由承包人暂停工作

合同履行过程中发生下列情形之一的，承包人可向发包人发出通知，要求发包人采取有效措施予以纠正。发包人收到承包人通知后的 28 天内仍不予以纠正，承包人有权暂停施工，并通知工程师。承包人有权要求发包人延长工期和（或）增加费用，并支付合理利润：

（1）发包人拖延、拒绝批准付款申请和支付证书，或未能按合同约定支付价款，导致付款延误的；

（2）发包人未按约定履行合同其他义务导致承包人无法继续履行合同的，或者发包人明确表示暂停或实质上已暂停履行合同的。

8.9.3 除上述原因以外的暂停工作，双方应遵守第 17 条［不可抗力］的相关约定。

8.9.4 暂停工作期间的工程照管

不论由于何种原因引起暂停工作的，暂停工作期间，承包人应负责对工程、工程物资及文件等进行照管和保护，并提供安全保障，由此增加的费用按第 8.9.1 项［由发包人暂停工作］和第 8.9.2 项［由承包人暂停工作］的约定承担。

因承包人未能尽到照管、保护的责任造成损失的，使发包人的费用增加，（或）竣工日期延误的，由承包人按本合同约定承担责任。

8.9.5　拖长的暂停

根据第 8.9.1 项［由发包人暂停工作］暂停工作持续超过 56 天的，承包人可向发包人发出要求复工的通知。如果发包人没有在收到书面通知后 28 天内准许已暂停工作的全部或部分继续工作，承包人有权根据第 13 条［变更与调整］的约定，要求以变更方式调减受暂停影响的部分工程。发包人的暂停超过 56 天且暂停影响到整个工程的，承包人有权根据第 16.2 款［由承包人解除合同］的约定，发出解除合同的通知。

8.10.1　收到发包人的复工通知后，承包人应按通知时间复工；发包人通知的复工时间应当给予承包人必要的准备复工时间。

8.10.2　不论由于何种原因引起暂停工作，双方均可要求对方一同对受暂停影响的工程、工程设备和工程物资进行检查，承包人应将检查结果及需要恢复、修复的内容和估算通知发包人。

8.10.3　除第 17 条［不可抗力］另有约定外，发生的恢复、修复价款及工期延误的后果由责任方承担。

第 9 条　竣工试验

9.2.1　如果承包人已根据第 9.1 款［竣工试验的义务］就可以开始进行各项竣工试验的日期通知工程师，但该等试验因发包人原因被延误 14 天以上的，发包人应承担由此增加的费用和工期延误，并支付承包人合理利润。同时，承包人应在合理可行的情况下尽快进行竣工试验。

9.4.1　因发包人原因导致竣工试验未能通过的，承包人进行竣工试验的费用由发包人承担，竣工日期相应顺延。

第 10 条　验收和工程接收

10.1.2　竣工验收程序

除专用合同条件另有约定外，承包人申请竣工验收的，应当按照以下程序进行：

（2）工程师同意承包人提交的竣工验收申请报告的，或工程师收到竣工验收申请报告后 14 天内不予答复的，视为发包人收到并同意承包人的竣工验收申请，发包人应在收到该竣工验收申请报告后的 28 天内进行竣工验收。工程经竣工验收合格的，以竣工验收合格之日为实际竣工日期，并在工程接收证书中载明；完成竣工验收但发包人不予签发工程接收证书的，视为竣工。

（4）因发包人原因，未在工程师收到承包人竣工验收申请报告之日起 42 天内完成竣工验收的，以承包人提交竣工验收申请报告之日作为工程实际竣工日期。

（5）工程未经竣工验收，发包人擅自使用的，以转移占有工程之日为实际竣工日期。

除专用合同条件另有约定外，发包人不按照本项和第 10.4 款［接收证书］约定组织竣工验收、颁发工程接收证书的，每逾期一天，应以签约合同价为基数，按照贷款市场报价利率（LPR）支付违约金。

10.2.2 发包人在全部工程竣工前，使用已接收的单位/区段工程导致承包人费用增加的，发包人应承担由此增加的费用和（或）工期延误，并支付承包人合理利润。

10.3.1 根据工程项目的具体情况和特点，可按工程或单位/区段工程进行接收，并在专用合同条件约定接收的先后顺序、时间安排和其他要求。

10.3.3 发包人无正当理由不接收工程的，发包人自应当接收工程之日起，承担工程照管、成品保护、保管等与工程有关的各项费用，合同当事人可以在专用合同条件中另行约定发包人逾期接收工程的违约责任。

10.4.3 竣工验收合格而发包人无正当理由逾期不颁发工程接收证书的，自验收合格后第 15 天起视为已颁发工程接收证书。

10.4.4 工程未经验收或验收不合格，发包人擅自使用的，应在转移占有工程后 7 天内向承包人颁发工程接收证书；发包人无正当理由逾期不颁发工程接收证书的，自转移占有后第 15 天起视为已颁发工程接收证书。

10.5.1 竣工退场

施工现场的竣工退场费用由承包人承担。承包人应在专用合同条件约定的期限内完成竣工退场，逾期未完成的，发包人有权出售或另行处理承包人遗留的物品，由此支出的费用由承包人承担，发包人出售承包人遗留物品所得款项在扣除必要费用后应返还承包人。

第 11 条 缺陷责任与保修

11.2 缺陷责任期

缺陷责任期原则上从工程竣工验收合格之日起计算，合同当事人应在专用合同条件约定缺陷责任期的具体期限，但该期限最长不超过 24 个月。

单位／区段工程先于全部工程进行验收，经验收合格并交付使用的，该单位／区段工程缺陷责任期自单位／区段工程验收合格之日起算。因发包人原因导致工程未在合同约定期限进行验收，但工程经验收合格的，以承包人提交竣工验收报告之日起算；因发包人原因导致工程未能进行竣工验收的，在承包人提交竣工验收报告90天后，工程自动进入缺陷责任期；发包人未经竣工验收擅自使用工程的，缺陷责任期自工程转移占有之日起开始计算。

11.3.3　修复费用

发包人和承包人应共同查清缺陷或损坏的原因。经查明属承包人原因造成的，应由承包人承担修复的费用。经查验非承包人原因造成的，发包人应承担修复的费用，并支付承包人合理利润。

11.3.6　未能修复

因承包人原因造成工程的缺陷或损坏，承包人拒绝维修或未能在合理期限内修复缺陷或损坏，且经发包人书面催告后仍未修复的，发包人有权自行修复或委托第三方修复，所需费用由承包人承担。但修复范围超出缺陷或损坏范围的，超出范围部分的修复费用由发包人承担。

如果工程或工程设备的缺陷或损害使发包人实质上失去了工程的整体功能，发包人有权向承包人追回已支付的工程款项，并要求其赔偿发包人相应损失。

第12条　竣工后试验

12.2.1　如果竣工后试验因发包人原因被延误的，发包人应承担承包人由此增加的费用并支付承包人合理利润。

12.2.2　如果因承包人以外的原因，导致竣工后试验未能在缺陷责任期或双方另行同意的其他期限内完成，则相关工程或区段工程应视为已通过该竣工后试验。

12.4.1　工程或区段工程未能通过竣工后试验，且合同中就该项未通过的试验约定了性能损害赔偿违约金及其计算方法的，或者就该项未通过的试验另行达成补充协议的，承包人在缺陷责任期内向发包人支付相应违约金或按补充协议履行后，视为通过竣工后试验。

12.4.2　对未能通过竣工后试验的工程或区段工程，承包人可向发包人建议，由承包人对该工程或区段工程进行调整或修补。发包人收到建议后，可向承包人发出通知，指示其在发包人方便的合理时间进入工程或区段工程进行调查、调整或修补，并为承包人的进入提供方便。承包人提出建议，但未在缺陷责任期内收到上述发包人通知的，相关工程或区段工程应视为已通过该竣工后试验。

12.4.3　发包人无故拖延给予承包人进行调查、调整或修补所需的进入工程或区段工程的许可，并造成承包人费用增加的，应承担由此增加的费用并支付承包人合理利润。

第 13 条　变更与调整

13.1　发包人变更权

13.1.2　承包人应按照变更指示执行，除非承包人及时向工程师发出通知，说明该项变更指示将降低工程的安全性、稳定性或适用性；涉及的工作内容和范围不可预见；所涉设备难以采购；导致承包人无法执行第 7.5 款［现场劳动用工］、第 7.6 款［安全文明施工］、第 7.7 款［职业健康］或第 7.8 款［环境保护］内容；将造成工期延误；与第 4.1 款［承包人的一般义务］相冲突等无法执行的理由。工程师接到承包人的通知后，应作出经发包人签认的取消、确认或改变原指示的书面回复。

13.2　承包人的合理化建议

13.2.2　除专用合同条件另有约定外，工程师应在收到承包人提交的合理化建议后 7 天内审查完毕并报送发包人，发现其中存在技术上的缺陷，应通知承包人修改。发包人应在收到工程师报送的合理化建议后 7 天内审批完毕。合理化建议经发包人批准的，工程师应及时发出变更指示，由此引起的合同价格调整按照第 13.3.3 项［变更估价］约定执行。发包人不同意变更的，工程师应书面通知承包人。

13.2.3　合理化建议降低了合同价格、缩短了工期或者提高了工程经济效益的，双方可以按照专用合同条件的约定进行利益分享。

13.3　变更程序

13.3.1　发包人提出变更

发包人提出变更的，应通过工程师向承包人发出书面形式的变更指示，变更指示应说明计划变更的工程范围和变更的内容。

13.3.2　变更执行

承包人收到工程师下达的变更指示后，认为不能执行，应在合理期限内提出不能执行该变更指示的理由。承包人认为可以执行变更的，应当书面说明实施该变更指示需要采取的具体措施及对合同价格和工期的影响，且合同当事人应当按照第

13.3.3 项［变更估价］约定确定变更估价。

13.3.3　变更估价

13.3.3.1　变更估价原则

除专用合同条件另有约定外，变更估价按照本款约定处理：

（1）合同中未包含价格清单，合同价格应按照所执行的变更工程的成本加利润调整；

（2）合同中包含价格清单，合同价格按照如下规则调整：

1）价格清单中有适用于变更工程项目的，应采用该项目的费率和价格；

2）价格清单中没有适用但有类似于变更工程项目的，可在合理范围内参照类似项目的费率或价格；

3）价格清单中没有适用也没有类似于变更工程项目的，该工程项目应按成本加利润原则调整适用新的费率或价格。

13.3.3.2　变更估价程序

承包人应在收到变更指示后 14 天内，向工程师提交变更估价申请。工程师应在收到承包人提交的变更估价申请后 7 天内审查完毕并报送发包人，工程师对变更估价申请有异议，通知承包人修改后重新提交。发包人应在承包人提交变更估价申请后 14 天内审批完毕。发包人逾期未完成审批或未提出异议的，视为认可承包人提交的变更估价申请。

因变更引起的价格调整应计入最近一期的进度款中支付。

13.3.4　变更引起的工期调整

因变更引起工期变化的，合同当事人均可要求调整合同工期，由合同当事人按照第 3.6 款［商定或确定］并参考工程所在地的工期定额标准确定增减工期天数。

13.4　暂估价

13.4.1　依法必须招标的暂估价项目

对于依法必须招标的暂估价项目，专用合同条件约定由承包人作为招标人的，招标文件、评标方案、评标结果应报送发包人批准。与组织招标工作有关的费用应当被认为已经包括在承包人的签约合同价中。

专用合同条件约定由发包人和承包人共同作为招标人的，与组织招标工作有关的费用在专用合同条件中约定。

具体的招标程序以及发包人和承包人权利义务关系可在专用合同条件中约定。暂估价项目的中标金额与价格清单中所列暂估价的金额差以及相应的税金等其他费用应列入合同价格。

13.4.2 不属于依法必须招标的暂估价项目

对于不属于依法必须招标的暂估价项目，承包人具备实施暂估价项目的资格和条件的，经发包人和承包人协商一致后，可由承包人自行实施暂估价项目，具体的协商和估价程序以及发包人和承包人权利义务关系可在专用合同条件中约定。确定后的暂估价项目金额与价格清单中所列暂估价的金额差以及相应的税金等其他费用应列入合同价格。

因发包人原因导致暂估价合同订立和履行迟延的，由此增加的费用和（或）延误的工期由发包人承担，并支付承包人合理的利润。因承包人原因导致暂估价合同订立和履行迟延的，由此增加的费用和（或）延误的工期由承包人承担。

13.5 暂列金额

除专用合同条件另有约定外，每一笔暂列金额只能按照发包人的指示全部或部分使用，并对合同价格进行相应调整。付给承包人的总金额应仅包括发包人已指示的，与暂列金额相关的工作、货物或服务的应付款项。

对于每笔暂列金额，发包人可以指示用于下列支付：

（1）发包人根据第13.1款［发包人变更权］指示变更，决定对合同价格和付款计划表（如有）进行调整的、由承包人实施的工作（包括要提供的工程设备、材料和服务）；

（2）承包人购买的工程设备、材料、工作或服务，应支付包括承包人已付（或应付）的实际金额以及相应的管理费等费用和利润［管理费和利润应以实际金额为基数根据合同约定的费率（如有）或百分比计算］。

发包人根据上述（1）和（或）（2）指示支付暂列金额的，可以要求承包人提交其供应商提供的全部或部分要实施的工程或拟购买的工程设备、材料、工作或服务的项目报价单。发包人可以发出通知指示承包人接受其中的一个报价或指示撤销支付，发包人在收到项目报价单的7天内未作回应的，承包人应有权自行接受其中任何一个报价。

每份包含暂列金额的文件还应包括用以证明暂列金额的所有有效的发票、凭证和账户或收据。

13.6　计日工

13.6.1　需要采用计日工方式的，经发包人同意后，由工程师通知承包人以计日工计价方式实施相应的工作，其价款按列入价格清单或预算书中的计日工计价项目及其单价进行计算；价格清单或预算书中无相应的计日工单价的，按照合理的成本与利润构成的原则，由工程师按照第 3.6 款［商定或确定］确定计日工的单价。

13.7　法律变化引起的调整

13.7.1　基准日期后，法律变化导致承包人在合同履行过程中所需要的费用发生除第 13.8 款［市场价格波动引起的调整］约定以外的增加时，由发包人承担由此增加的费用；减少时，应从合同价格中予以扣减。基准日期后，因法律变化造成工期延误时，工期应予以顺延。

13.7.2　因法律变化引起的合同价格和工期调整，合同当事人无法达成一致的，由工程师按第 3.6 款［商定或确定］的约定处理。

13.7.3　因承包人原因造成工期延误，在工期延误期间出现法律变化的，由此增加的费用和（或）延误的工期由承包人承担。

13.7.4　因法律变化而需要对工程的实施进行任何调整的，承包人应迅速通知发包人，或者发包人应迅速通知承包人，并附上详细的辅助资料。发包人接到通知后，应根据第 13.3 款［变更程序］发出变更指示。

13.8　市场价格波动引起的调整

13.8.1　主要工程材料、设备、人工价格与招标时基期价相比，波动幅度超过合同约定幅度的，双方按照合同约定的价格调整方式调整。

13.8.2　发包人与承包人在专用合同条件中约定采用《价格指数权重表》的，适用本项约定。

13.8.2.1　双方当事人可以将部分主要工程材料、工程设备、人工价格及其他双方认为应当根据市场价格调整的费用列入附件 6［价格指数权重表］，并根据以下公式计算差额并调整合同价格：

（1）价格调整公式

（2）暂时确定调整差额

在计算调整差额时得不到当期价格指数的，可暂用上一次价格指数计算，并在以后的付款中再按实际价格指数进行调整。

（3）权重的调整

按第 13.1 款［发包人变更权］约定的变更导致原订合同中的权重不合理的，由工程师与承包人和发包人协商后进行调整。

（4）承包人原因工期延误后的价格调整

因承包人原因未在约定的工期内竣工的，则对原约定竣工日期后继续施工的工程，在使用本款第（1）项价格调整公式时，应采用原约定竣工日期与实际竣工日期的两个价格指数中较低的一个作为当期价格指数。

（5）发包人引起的工期延误后的价格调整

由于发包人原因未在约定的工期内竣工的，则对原约定竣工日期后继续施工的工程，在使用本款第（1）目价格调整公式时，应采用原约定竣工日期与实际竣工日期的两个价格指数中较高的一个作为当期价格指数。

13.8.2.2　未列入《价格指数权重表》的费用不因市场变化而调整。

13.8.3　双方约定采用其他方式调整合同价款的，以专用合同条件约定为准。

第 14 条　合同价格与支付

14.1.1　除专用合同条件中另有约定外，本合同为总价合同，除根据第 13 条［变更与调整］，以及合同中其他相关增减金额的约定进行调整外，合同价格不做调整。

14.1.2　除专用合同条件另有约定外：

（1）工程款的支付应以合同协议书约定的签约合同价格为基础，按照合同约定进行调整；

（2）承包人应支付根据法律规定或合同约定应由其支付的各项税费，除第 13.7 款［法律变化引起的调整］约定外，合同价格不应因任何这些税费进行调整；

（3）价格清单列出的任何数量仅为估算的工作量，不得将其视为要求承包人实施的工程的实际或准确的工作量。在价格清单中列出的任何工作量和价格数据应仅限用于变更和支付的参考资料，而不能用于其他目的。

14.1.3　合同约定工程的某部分按照实际完成的工程量进行支付的，应按照专用合同条件的约定进行计量和估价，并据此调整合同价格。

14.2.1　预付款支付

发包人逾期支付预付款超过 7 天的，承包人有权向发包人发出要求预付的催告通知，发包人收到通知后7天内仍未支付的，承包人有权暂停施工，并按第15.1.1项［发包人违约的情形］执行。

14.3.2　进度付款审核和支付

除专用合同条件另有约定外，工程师应在收到承包人进度付款申请单以及相关资料后7天内完成审查并报送发包人，发包人应在收到后7天内完成审批并向承包人签发进度款支付证书。发包人逾期（包括因工程师原因延误报送的时间）未完成审批且未提出异议的，视为已签发进度款支付证书。

工程师对承包人的进度付款申请单有异议的，有权要求承包人修正和提供补充资料，承包人应提交修正后的进度付款申请单。工程师应在收到承包人修正后的进度付款申请单及相关资料后7天内完成审查并报送发包人，发包人应在收到工程师报送的进度付款申请单及相关资料后7天内，向承包人签发无异议部分的进度款支付证书。存在争议的部分，按照第20条［争议解决］的约定处理。

除专用合同条件另有约定外，发包人应在进度款支付证书签发后14天内完成支付，发包人逾期支付进度款的，按照贷款市场报价利率（*LPR*）支付利息；逾期支付超过56天的，按照贷款市场报价利率（*LPR*）的两倍支付利息。

14.5　竣工结算

14.5.2　竣工结算审核

（1）除专用合同条件另有约定外，工程师应在收到竣工结算申请单后14天内完成核查并报送发包人。发包人应在收到工程师提交的经审核的竣工结算申请单后14天内完成审批，并由工程师向承包人签发经发包人签认的竣工付款证书。工程师或发包人对竣工结算申请单有异议的，有权要求承包人进行修正和提供补充资料，承包人应提交修正后的竣工结算申请单。

发包人在收到承包人提交竣工结算申请书后28天内未完成审批且未提出异议的，视为发包人认可承包人提交的竣工结算申请单，并自发包人收到承包人提交的竣工结算申请单后第29天起视为已签发竣工付款证书。

（2）除专用合同条件另有约定外，发包人应在签发竣工付款证书后的14天内，完成对承包人的竣工付款。发包人逾期支付的，按照贷款市场报价利率（*LPR*）支付违约金；逾期支付超过56天的，按照贷款市场报价利率（*LPR*）的两倍支付违约金。

（3）承包人对发包人签认的竣工付款证书有异议的，对于有异议部分应在收到发包人签认的竣工付款证书后7天内提出异议，并由合同当事人按照专用合同条件约定的方式和程序进行复核，或按照第20条［争议解决］约定处理。对于无异议部分，发包人应签发临时竣工付款证书，并按本款第（2）项完成付款。承包人逾期未提出异议的，视为认可发包人的审批结果。

第15条 违约

15.1.1 发包人违约的情形

除专用合同条件另有约定外，在合同履行过程中发生的下列情形，属于发包人违约：

（1）因发包人原因导致开始工作日期延误的；

（2）因发包人原因未能按合同约定支付合同价款的；

（3）发包人违反第13.1.1项约定，自行实施被取消的工作或转由他人实施的；

（4）因发包人违反合同约定造成工程暂停施工的；

（5）工程师无正当理由没有在约定期限内发出复工指示，导致承包人无法复工的；

（6）发包人明确表示或者以其行为表明不履行合同主要义务的；

（7）发包人未能按照合同约定履行其他义务的。

15.1.2 通知改正

发包人发生除第15.1.1项第（6）目以外的违约情况时，承包人可向发包人发出通知，要求发包人采取有效措施纠正违约行为。发包人收到承包人通知后28天内仍不纠正违约行为的，承包人有权暂停相应部位工程实施，并通知工程师。

15.1.3 发包人违约的责任

发包人应承担因其违约给承包人增加的费用和（或）延误的工期，并支付承包人合理的利润。此外，合同当事人可在专用合同条件中另行约定发包人违约责任的承担方式和计算方法。

15.3 第三人造成的违约

在履行合同过程中，一方当事人因第三人的原因造成违约的，应当向对方当事人承担违约责任。一方当事人和第三人之间的纠纷，依照法律规定或者按照约定解决。

第16条　合同解除

16.2.1　因发包人违约解除合同

除专用合同条件另有约定外，承包人有权基于下列原因，以书面形式通知发包人解除合同，解除通知中应注明是根据第16.2.1项发出的，承包人应在发出正式解除合同通知14天前告知发包人其解除合同意向，除非发包人在收到该解除合同意向通知后14天内采取了补救措施，否则承包人可向发包人发出正式解除合同通知立即解除合同。解除日期应为发包人收到正式解除合同通知的日期，但在第（5）目的情况下，承包人无须提前告知发包人其解除合同意向，可直接发出正式解除合同通知立即解除合同：

（1）承包人就发包人未能遵守第2.5.2项关于发包人的资金安排发出通知后42天内，仍未收到合理的证明；

（2）在第14条规定的付款时间到期后42天内，承包人仍未收到应付款项；

（3）发包人实质上未能根据合同约定履行其义务，构成根本性违约；

（4）发承包双方订立本合同协议书后的84天内，承包人未收到根据第8.1款［开始工作］的开始工作通知；

（5）发包人破产、停业清理或进入清算程序，或情况表明发包人将进入破产和（或）清算程序或发包人资信严重恶化，已有对其财产的接管令或管理令，与债权人达成和解，或为其债权人的利益在财产接管人、受托人或管理人的监督下营业，或采取了任何行动或发生任何事件（根据有关适用法律）具有与前述行动或事件相似的效果；

（6）发包人未能遵守第2.5.3项的约定提交支付担保；

（7）发包人未能执行第15.1.2项［通知改正］的约定，致使合同目的不能实现的；

（8）因发包人的原因暂停工作超过56天且暂停影响到整个工程，或因发包人的原因暂停工作超过182天的；

（9）因发包人原因造成开始工作日期迟于承包人收到中标通知书（或在无中标通知书的情况下，订立本合同之日）后第84天的。

发包人接到承包人解除合同意向通知后14天内，发包人随后给予了付款，或同意复工，或继续履行其义务，或提供了支付担保等，承包人应尽快安排并恢复正常工作；因此造成工期延误的，竣工日期顺延；承包人因此增加的费用，由发包人承担。

第 17 条　不可抗力

17.4　不可抗力后果的承担

不可抗力导致的人员伤亡、财产损失、费用增加和（或）工期延误等后果，由合同当事人按以下原则承担：

（1）永久工程，包括已运至施工现场的材料和工程设备的损害，以及因工程损害造成的第三人人员伤亡和财产损失由发包人承担；

（2）承包人提供的施工设备的损坏由承包人承担；

（3）发包人和承包人各自承担其人员伤亡及其他财产损失；

（4）因不可抗力影响承包人履行合同约定的义务，已经引起或将引起工期延误的，应当顺延工期，由此导致承包人停工的费用损失由发包人和承包人合理分担，停工期间必须支付的现场必要的工人工资由发包人承担；

（5）因不可抗力引起或将引起工期延误，发包人指示赶工的，由此增加的赶工费用由发包人承担；

（6）承包人在停工期间按照工程师或发包人要求照管、清理和修复工程的费用由发包人承担。

不可抗力引起的后果及造成的损失由合同当事人按照法律规定及合同约定各自承担。不可抗力发生前已完成的工程应当按照合同约定进行支付。

第七章
工程变更索赔的基础性管理

第一节　竣工结算拖延的原因和 15 项对策

在项目管理工作中，竣工结算是承包商“收口”的最后一步，也是关键的一步；同时，竣工结算也是承包商的“老大难”问题。一个项目完工一年也办理不了结算，有时候一拖就是几年，本来投标的时候就是微利，竣工结算不能及时办理，尾款拿不到，项目现金流就一直是负数。

竣工结算的拖延，表面上来看最突出的是变更、索赔不能在施工过程中及时确认，都积压到了最后，导致结算拖延；其实，承包商的管理薄弱才是最深层次的原因，还有发包人的主观拖延和审计问题。造成竣工结算拖延有以下几方面的原因。

一、竣工验收不能及时办理

1. 验收不合格项太多，一直在整改

2. 发包人有甩项，甩项完成以后再验收

在一些市政综合项目中，对道路、桥梁的工期和质量特别重视，但往往忽视一些附属的管网、小土建项目，但正是这些附属的项目影响整个项目的验收，验收不合格项太多，一改再改，就是交不出去。

3. 发包人一直有增项，都算在合同范围内，一直不能完工

4. 发包人故意拖延不验收

二、变更索赔没有定案

施工过程中对变更索赔项目和费用，发包人和承包商没有达成一致意见，到项目完工的时候，双方还没有达成共识。

1. 变更索赔的合同依据存在分歧
2. 变更索赔双方都有责任，责任划分不清
3. 变更索赔没有支持性资料
4. 变更索赔资料没有签认手续，口头指令变为书面指令，需要时间补资料
5. 变更索赔费用计算存在分歧
6. 重大变更索赔需要发包人上级部门拍板
7. 根据合同约定没有理由变更索赔，承包商无理纠缠
8. 发包人故意不给签认
9. 对变更索赔项目和费用要进行审计

三、承包商管理“十二”不到位

1. 投标阶段对招标文件、技术要求理解不准确
2. 可能存在“低价中标，过程索赔”的错误理念
3. 中标后的变更索赔没有策划，没有责任分工
4. 合同管理意识薄弱，甚至没有人研究合同
5. 项目基础管理、资料管理、技术管理缺失
6. 变更索赔不能及时签认，不能形成有效的证据链
7. 一切都迁就发包人，错过“蜜月期”签认的时机
8. 承包商的管理人员意识、能力、水平不足
9. 施工质量达不到合同要求
10. 承包商总部对变更索赔、成本没有考核或考核形同虚设
11. 项目完工后，承包商主要管理人员调动，责任不能从一而终
12. 对亏损项目，没有最终结算就没有定论，项目上有以此来掩盖亏损真相的问题

四、审计问题

竣工结算审计问题是竣工结算拖延的一个主要原因，有的项目要经过几轮的审

计，发包人怕担责任不敢做决定，也有的发包人以审计为由故意拖延，竣工结算金额层层核减，时间也遥遥无期。

五、承包商的15项对策

1. 加强变更索赔台账管理，细化工作标准和工作流程，明确工作重点，提高工作的前瞻性，建立变更索赔、竣工结算月报（或周报）制度

2. 加强变更索赔的及时上报和签认，对重大变更索赔事件建立考核节点和责任人，保证竣工结算能按时完成

3. 对工程暂停的项目，承包商的项目部要及时与发包人办理中间结算，并对工程暂停的损失进行索赔

4. 对工程已完工，因发包人原因迟迟不予以验收的项目，承包商的项目部要及时上报现场管理费、财务费、工程保管费的索赔报告

5. 对发包人故意拖延办理竣工结算的，要与发包人进行充分沟通，积极利用法律手续或以分包商起诉为理由，提出书面请求，督促发包人尽快办理竣工结算

6. 对合同外项目、金额较大的变更索赔，项目部要及时与发包人订立补充合同，避免节外生枝

7. 承包商总部要建立竣工结算考核制度，项目管理人员的责任要从一而终，并与收入考核挂钩

8. 积极利用国家政策，打破竣工结算审计的瓶颈

9. 正确处理竣工结算及时性与竣工结算效益的关系

10. 正确处理工程进度、变更索赔的平衡、协调关系

11. 过程结算

施工过程结算是指发承包双方在建设工程项目实施过程中，依据施工合同约定的结算周期（时间或进度节点），对已完成质量合格的工程内容（包括现场签证、工程变更、索赔等）开展工程价款计算、调整、确认及支付等的活动。

2020年初，国务院常务会强调“在工程建设领域全面推行过程结算”。

2020年7月，住房和城乡建设部发布《工程造价改革工作方案》加强工程施工合同履约和价款支付监督，引导发承包双方按照合同约定开展工程款支付和结算，全面推行施工过程价款结算和支付。

2020年9月，住房和城乡建设部发布《关于落实建设单位质量首要责任的通知》，提出推行施工过程结算。要求分部工程验收通过时，原则上应同步完成工程款结算，建设单位不得以设计变更、工程洽商等理由变相拖延结算，不得以未完成审计作为延期款的理由。以下为地方的：

山东：《关于在房屋建筑和市政工程中推行施工过程结算的指导意见（试行）》

河南：《关于实施工程施工过程结算的指导意见》

湖南：《关于在房屋建筑和市政基础设施工程中推行施工过程结算的实施意见（征求意见稿）》

浙江：《关于在房屋建筑和市政基础设施工程中推行施工过程结算的实施意见》

四川：《关于房屋建筑和市政基础设施工程推行施工过程结算的通知》

新疆：《关于进一步加强治理拖欠农民工工资问题工作的通知》

重庆：《关于在建筑领域推行施工过程结算的通知》

山西：《关于在房屋建筑和市政基础设施工程中推行施工过程结算的通知》

广东：《广东省住房和城乡建设厅关于房屋建筑和市政基础设施工程施工过程结算的若干指导意见》

北京：《落实房屋建筑和市政基础设施工程建设单位工程款结算和支付相关要求的通知》

江西：《在房屋建筑和市政基础设施工程中推行施工过程结算的实施意见》

12. 项目内部变更索赔发起、批复的程序

建立变更索赔事件的内部工作流程，明确变更索赔的责任人、时间、基础资料的准备。

解决因资料不完整、项目内部分工不清晰、指令不畅通造成变更索赔、竣工结算时间拖延和经济利益损失的问题。

先不管监理、发包人能不能签字和批复，而是先要加强自身的管理，做好自己的事情。

13. 竣工结算及时编制、上报，并进行跟踪

按合同约定的时间，竣工结算文件必须整理齐全，并上报监理、发包人。

对发包人原因停工的项目，必须按竣工项目的标准编制验收资料、完工结算文件。

工程竣工或停工后，无论工程验收与否，必须同期完成工程竣工结算书的编制（活页装订，方便调整）。

对发生的合同外项目，必须及时与发包人签订补充合同。

14. 加强变更索赔资料的管理

变更索赔要有足够的证据和技术资料作为支持，变更索赔立项理由、技术资料、经济资料必须要以合同为依据，必须经得起各方面的审计，资料的原件必须保存完整，做到专人管理、及时归档。

尤其是技术资料、原始资料，必须要经得起各方审计，因为技术资料涉及施工方案、业务联系单、变更图纸、测量资料、分项验收资料、工程量计算等内容，资料比较多，相互之间存在依附关系，所以这些资料要形成自身的闭合。

比如：分项验收资料要与原始测量资料保持一致，这些技术资料更要与变更索赔、竣工结算文件形成闭合，竣工结算书的工程量必须与根据分项验收资料、原始测量资料计算的工程量一致，这样才能保证竣工结算的完整性、真实性，经得起各方的审核和审计。

15. 锲而不舍的精神

对变更索赔、竣工结算工作，虽然工作的策划、程序、技巧、资料都很重要，但最重要的还是一种锲而不舍的精神。要不达目标不罢休，要像保证发包人的工期一样，保证竣工结算的进度。这是做好变更索赔、竣工结算最不可缺少的精神。

久久为功，意为要持之以恒、锲而不舍、驰而不息。竣工结算工作其实考验的是项目管理的扎实水平，唯有实、唯有恒，才可以克服阻力、解决问题。

第二节　工程变更索赔管理的职责分工

工程变更索赔是一个系统工程，是技术工作和经济工作的综合，必须以项目经理为第一负责人和第一协调人。管理工作必须注重前期的策划和过程的动态管理，必须注重原始证据的收集，必须注重施工组织和施工技术的管理。

项目设置工程变更索赔管理领导小组，由项目经理任组长，项目副经理、项目总工、各部门负责人、造价工程师、现场主要管理人员任组员。大型的工程项目宜设立商务经理的岗位，协助项目经理负责工程变更索赔的管理。

一、项目经理

项目经理负责工程变更索赔的总体策划和综合协调，负责工程变更索赔计划的制定和动态管理，负责与发包人、监理、设计的高层领导进行沟通，负责重大事项的变更索赔。

必须强调的是项目经理是第一责任人。

二、项目总工

项目总工负责投标阶段图纸、施工阶段图纸、工程变更图纸（通知单）、工程来往文件、各种会议纪要、各类技术文件在项目部内部及时有效传递，负责施工过程中有关工程变更索赔事项进行及时沟通，协助项目经理使工程变更索赔事项及时获得监理、发包人的认可，做到施工过程中解决索赔问题。

项目总工负责建立图纸、设计变更图纸台账，发包人、监理来往文件台账，发包人、监理会议纪要台账。

工程技术是工程变更索赔的基础支撑。

三、项目生产副经理

项目生产副经理负责施工现场的签证管理工作，及时把施工现场过程中发包人、监理的口头指令及时形成书面文字并及时获得监理、发包人的签认，协助项目经理使现场签证及时获得监理、发包人的认可。

四、项目商务经理或造价工程师

项目商务经理或造价工程师负责建立项目的工程变更索赔岗位责任制度、管理流程和工作标准（经项目经理批准后，在项目部内部执行），负责主合同交底和主合同策划的工作，负责工程变更索赔证据的收集，负责工程变更索赔台账的建立。

项目商务经理或造价工程师对工程变更项目要详细了解，及时收集证据，按合同规定的程序、时间编制工程变更索赔文件，及时获取发包人、监理和设计的认可，积极与技术工程师沟通，对解决不了的问题及时向项目经理汇报。

项目商务经理或造价工程师对工程变更索赔项目要掌握其施工组织和施工工艺，在与发包人和监理沟通过程中，从施工、技术角度分析问题，做到以理服人；

要结合工程实际，分析索赔事项的施工强度和资源配置，得出工程实际成本。

项目商务经理或造价工程师要具备精湛的业务水平及分析问题的能力，能从整体上把握工程变更索赔工作，以合同为依据，做到有理有据，善于沟通和分析问题，要突出变更索赔工作的重点。

五、项目技术工程师

项目技术工程师负责施工日志的记录，负责对分部分项工程的原始资料（如开竣工测图、地质资料的变化）、资源配置情况、施工措施、作业时间及工程变更情况进行详细、真实的记载，负责与造价工程师共同核实工程数量，收集索赔证据。

工程变更索赔管理职责分工表见表7-1。

工程变更索赔管理职责分工表　　表7-1

序号	工作内容	职能分工						
		项目经理	项目总工	项目生产副经理	项目经营副经理或造价师	技术工程师	资料工程师	工程合同、统计人员
1	工程索赔岗位责任制度	★			●			
2	工程索赔工作流程	★			●			
3	工程索赔月例会制度	★			●			
4	主合同交底、策划、传递	★			●	☆	☆	
5	工程索赔计划制定、传递	★			●	☆	☆	
6	索赔工程量计算	▲	★		●	●		
7	工程索赔资料内部传递	▲	★			☆	●	
8	工程索赔台账	▲			●	☆	☆	
9	项目结算（在建）台账	▲			●	☆	☆	
10	工程索赔证据清单	▲			●	☆	☆	
11	设计变更图纸台账	▲	★			☆	●	
12	来往文件台账	▲	★	☆		☆	●	
13	发包人、监理会议纪要台账	▲	★	☆		☆	●	
14	计量、承包、分包台账	▲			☆	☆		●
15	施工现场临时签证	★	☆	☆	●	●		
16	工程索赔事项及时签认	★	☆	☆	●	●		
17	工程索赔的客观分析	★			●	☆		
18	竣工结算及时性、完整性	★			●	☆	☆	
19	竣工结算文件公司存档	★			●	☆	☆	

注：▲检查；★负责；●执行；☆协助

第三节　承包商内部变更索赔程序

1. 变更索赔的发起

工程变更索赔事项发生 3 日内，由发起人根据变更索赔事项的性质提出项目变更索赔意向，填写项目索赔意向表（表 7–2）。项目索赔意向表（空白表）由造价工程师提供电子版格式。

设计变更类的索赔由项目总工程师发起，现场签证类的索赔由项目副经理发起，价格变化类的索赔由项目造价工程师发起。

2. 项目经理批复

项目经理 2 日内做出批复，进行工作安排，包括：是否同意索赔；按生产、技术、预算等内容指定明确责任人；明确有效的索赔基础资料完成时间；其他。

3. 建立台账

造价工程师根据项目经理的批复，对索赔意向表进行统一编号，通知相关责任人并组织会签。会签完成后，复印件发送给相关责任人，原件留造价工程师处保存并建立台账。

4. 资料准备

工程变更索赔由商务经理（或造价工程师）主要负责，相关责任人按项目经理批复时间提供满足变更索赔文件编制要求的有效基础资料给造价工程师，造价工程师负责留存所有有关原件。

有效基础资料是指：涉及变更索赔的原始测量资料、施工方案、图纸、工程量计算书、工程业务联系单等要有监理、发包人的书面确认或形成会议纪要，有正式的设计变更图纸、通知单等。

5. 变更索赔上报

根据合同约定的时间和内容，启动对发包人的变更索赔程序。

制定内部变更索赔程序的目的：明确责任、明确时间、明确标准，不是造价工程师一个人或商务合约部一个部门来完成变更索赔工作，而应是项目部各管理人员和部门各司其职又紧密配合的一个管理体系。

项目索赔意向表　　表7-2

项目名称：　　编号：

发起人、发起时间	发起人签字： 发起时间：
索赔事项名称	
索赔依据（原因）	
索赔内容（时间、部位、事项、工程量等内容）	
项目经理批复意见 1. 是否同意索赔； 2. 按生产、技术、预算等内容指定明确责任人； 3. 明确完成时间； 4. 其他	
相关责任人会签	

第四节　合同当事人的索赔程序

《建设工程施工合同（示范文本）》GF-2017-0201 对工程索赔的程序约定：

19.1　承包人的索赔

根据合同约定，承包人认为有权得到追加付款和（或）延长工期的，应按以下程序向发包人提出索赔：

（1）承包人应在知道或应当知道索赔事件发生后28天内，向监理人递交索赔意向通知书，并说明发生索赔事件的事由；承包人未在前述28天内发出索赔意向通知书的，丧失要求追加付款和（或）延长工期的权利；

（2）承包人应在发出索赔意向通知书后28天内，向监理人正式递交索赔报告；索赔报告应详细说明索赔理由以及要求追加的付款金额和（或）延长的工期，并附必要的记录和证明材料；

（3）索赔事件具有持续影响的，承包人应按合理时间间隔继续递交延续索赔通知，说明持续影响的实际情况和记录，列出累计的追加付款金额和（或）工期延长天数；

（4）在索赔事件影响结束后28天内，承包人应向监理人递交最终索赔报告，说明最终要求索赔的追加付款金额和（或）延长的工期，并附必要的记录和证明材料。

19.2 对承包人索赔的处理

对承包人索赔的处理如下：

（1）监理人应在收到索赔报告后14天内完成审查并报送发包人；监理人对索赔报告存在异议的，有权要求承包人提交全部原始记录副本；

（2）发包人应在监理人收到索赔报告或有关索赔的进一步证明材料后的28天内，由监理人向承包人出具经发包人签认的索赔处理结果；发包人逾期答复的，则视为认可承包人的索赔要求；

（3）承包人接受索赔处理结果的，索赔款项在当期进度款中进行支付；承包人不接受索赔处理结果的，按照第20条［争议解决］约定处理。

争议解决：和解、调解、争议评审、仲裁或诉讼。

19.3 发包人的索赔

根据合同约定，发包人认为有权得到赔付金额和（或）延长缺陷责任期的，监理人应向承包人发出通知并附有详细的证明。

发包人应在知道或应当知道索赔事件发生后28天内通过监理人向承包人提出索赔意向通知书，发包人未在前述28天内发出索赔意向通知书的，丧失要求赔付金额和（或）延长缺陷责任期的权利。发包人应在发出索赔意向通知书后28天内，通过监理人向承包人正式递交索赔报告。

19.4 对发包人索赔的处理

对发包人索赔的处理如下：

（1）承包人收到发包人提交的索赔报告后，应及时审查索赔报告的内容、查验发包人证明材料；

（2）承包人应在收到索赔报告或有关索赔的进一步证明材料后28天内，将索赔处理结果答复发包人。如果承包人未在上述期限内作出答复的，则视为对发包人索赔要求的认可；

（3）承包人接受索赔处理结果的，发包人可从应支付给承包人的合同价款中扣除赔付的金额或延长缺陷责任期；发包人不接受索赔处理结果的，按第20条［争议解决］约定处理。

19.5 提出索赔的期限

（1）承包人按第14.2款［竣工结算审核］约定接收竣工付款证书后，应被视为已无权再提出在工程接收证书颁发前所发生的任何索赔。

（2）承包人按第 14.4 款［最终结清］提交的最终结清申请单中，只限于提出工程接收证书颁发后发生的索赔。提出索赔的期限自接受最终结清证书时终止。

合同当事人在执行合同过程中不规范，往往导致索赔事项不能及时上报，是上报后不能及时签认的原因之一。

在国际工程合同执行过程中，我们国内的承包商存在很大的不适应性，总说国外的咨询工程师、发包人管理比较苛刻，但归根结底，是我们国内承包商在执行合同方面不严肃、不认真，照顾各方情面所导致的。国内这种做事方式、处世哲学的烙印太深，一旦严格执行起合同、规范来，就会存在很大的不适应性。

下面说一个关于契约的经典案例。

【例7-1】

美孚石油公司向餐具经销商犹太人乔费尔订购了 3 万把餐刀和叉子，交货日期为 9 月 1 号，地点是芝加哥。乔费尔立即请厂商为他赶制，但是由于厂商的操作失误而一直不能按期交货，乔费尔对此感到很生气，多次打电话催问，但对方却满不在意地说："就算是迟点儿又有什么关系，至于这么着急嘛！"

乔费尔作为犹太人，是高度重视契约精神的，所以当餐具最终出来的时候，他决定空运这批刀叉。于是，他将 3 万把刀叉装上飞机，9 月 1 日，顺利抵达交货地点芝加哥。

然而，因为厂商的这次失误，乔费尔为这个订单多支付了 6 万美元，而空运的货物仅仅是 3 万把刀叉罢了。他的同行也大为惊讶，问："你疯了吗？多花 6 万美元就为了 3 万把破餐具？"但是，乔费尔却严肃地回答："做生意，必须按照合同及时按期交货，哪怕是因为其他人的原因给你造成了损失，你也没有理由违约。"

此后，商界都知道了这位做生意特别看重合同的生意人，虽然之前损失了 6 万美元，但是接下来的好口碑给他带来了大量订单，实现了利润上的飞跃。更重要的是，他赢得了更多人的尊重。

第五节　合同签约谈判

先看看下面这些条款。

1. 进度

无论出现何种原因的延迟，承包商应采取措施加快施工，按合同约定的时间完成。

2. 设备、图纸提供延迟

如果发包人提供的设备和图纸的任何延迟未超过 10 天，承包商将无权要求任何延期或索赔额外费用。

3. 工期

无论何种原因，发包人可以根据甲乙双方责任确定是否顺延工期，但费用不予索赔。

4. 违约赔偿金

如果承包商提供的人员、机械设备未能按照投标文件中承诺的时间到达施工现场，则对于每天每人（台）延误，按合同金额的 0.3% 支付违约赔偿金。

如果承包商提交的各类文件未按照规定时间提交，对每周每个文件的延迟，按合同金额的 0.5% 支付违约赔偿金。

若因承包商原因延迟履行合同，在合同约定工期之后完成，对于每天的延迟，按合同金额的 0.5% 支付违约赔偿金。

对以上如此苛刻的合同条款，合同谈判时必须据理力争，甚至在投标阶段就应该放弃项目投标。

一、投标前合同条款研究

对招标文件中有关合同承包方式、工程变更索赔等条款认真研究，分析、论证工程实施过程中可能存在的设计变更因素，采取不平衡报价等技术方法对报价进行调整，使变更索赔工作具有前瞻性。

不建议投标人过于考虑不平衡报价，因为对工程量增、减的判断不一定准确。如果运用不得当，与最初的想法相左，投标人会蒙受损失。

如果投标人使用不平衡报价，则调高的单价也要尽量合理，调低的单价不能低于成本。

投标阶段，要建立与设计院的沟通，对项目现场条件要详细了解，有必要对现场地质情况进行勘察取样，对回填土、石料等材料进行土力学试验检测，这些是使用不平衡报价的基础，不能只是根据经验来判定。

二、承包合同谈判

工程中标后，进入合同谈判和签订阶段。合同谈判、签订前要对合同条款进行评审，特别对投标阶段的不明确的问题要进行落实，列出谈判的要点，制定谈判策略。

签订一个有利的合同是索赔成功的前提，索赔以合同条款作为理由和依据。如果合同不利，例如责权利不平衡、单方面的约束性的条款太多，风险大，合同中没有索赔条款或索赔权受到严格的限制，则形成了承包商的不利地位。在这种情况下，承包商往往是处于“被动挨打”的地位。

合同谈判方案包括：确定谈判的程序，包括谈判目标、议程和进度；确定谈判范围，谈判范围是指由谈判的上限和下限构成的空间范围或是理想目标和“最低底线”目标构成的范围；谈判过程中的协调与控制，包括程序的协调与控制和过程的协调与控制；谈判的思维准备，其中包括三种角色的思维准备：发话人、受话人、控制人；谈判类型选定，比如建设性谈判、进攻性谈判等。制定谈判方案后应进行实战演练，组织模拟谈判。

合同谈判的内容主要包括：发包人、承包商、设计的责任和义务，生产设备、材料和工艺，开工、延误和暂停，竣工试验，缺陷责任，变更和调整，合同价格和付款，雇主终止，承包商暂停和终止，风险与职责，保险，不可抗力，索赔、争端和仲裁等。

在工程招标投标中，招标文件中的合同通用条款和专用条款的内容在投标阶段都要相应，并且在投标报价中都需要考虑。在投标阶段存在很多不确定的因素和分歧，需要在合同谈判中进行明确；另外，有的招标文件中要求列出技术偏差和商务偏差，承包商就要充分利用招标文件中给出的机会，认真研究填写，在合同谈判阶段争取发包人和承包商双赢的机会。

承包施工合同谈判的 10 点提醒：

1. 关于合同工期

合同工期的计算，起止点的定义、重要节点 / 里程碑的定义。在项目开工前，存在很多影响工期的不确定事件，因此，承包商应事先对可能发生的该类事件作充分的考虑，尽可能将其作为承包商可获得工期延长的原因落实在合同条款中。

高度重视合同生效及合同工程开工的必要条件，开工日期是否与投标时条件相同（跨雨期施工、跨大浪期施工、发包人的设计审批）。

2. 现场（红线）范围的界定，承包商是否承担当地资源费（砂、石、土等物料）的责任

3. 承包商的道路通行权的规定以及对通行道路的改造、维护等责任

4. 国际工程中，支付合同价款的外币和当地货币的比例及外币管制条件

5. 因为物价涨落是否对合同价格进行调整，因法律变更是否调整合同价格、国际工程中因汇率变化是否对合同价格进行调差

6. 发包人对承包商提交变更索赔的程序及审批权限

7. 不可预见物质条件及障碍的范围及其处理方式

8. 对合同中的指定分包商（如果有），发包人应承担的责任

9. 发包人提供的供应商短名单的范围是否过窄或是否为唯一

10. 发包人应承担的责任，包括办理各种许可、批准，提供水、电接口等

针对第 6 条，举个例子如下：

【例7-2】

B 项目中，发包人的项目管理层没有确认变更索赔的任何权利，只要涉及费用的事项都要报到发包人总部审批。原来，承包商做过这个发包人的一个项目，很多变更索赔虽然发包人项目上都签了字，但发包人的总部不予认可，承包商损失了很多应得的利益，发包人现场的项目人员也很尴尬，没有任何权利。

在 B 项目施工的时候，承包商完全按照合同约定，变更索赔不批复、不付款就不干活儿，并且还要索赔工期和现场人员设备的停滞费用。项目开始的时候还策划了几个索赔项，一旦承包商在过程中较起真儿来，发包人也只能选择退让。里面还有些小插曲，包括最后不批复变更索赔，不给发包人移交工程，承包商项目部和总部有效联动，有打有拉、有“黑脸”有“白脸”，收到了很好的效果。

合同谈判阶段，发包人往往以发中标通知书为诱饵，让承包商接受一些条

件，但这些条件可能会演变成施工中的陷阱，所以承包商对原则性的合同条款必须坚持。

合同条款是变更索赔的主要依据，合同谈判得好，变更索赔才能够取得好的效果。

【例7-3】

某一场区项目，A总承包商与发包人已签订EPC合同，EPC合同中约定地质条件变化带来的风险由A总承包商承担。A总承包商计划将本项目补勘、设计分包给B设计院，基础桩基和地基处理分包给C分包商（包括地质变化风险）。

C分包商理所当然地不接受地质条件变化带来的风险。但由于总承包商和C分包商的不平等地位，经多次谈判，C分包商由开始的强力坚持到后来的慢慢动摇。

谈判过程中，C分包商对地质条件的风险进行了评估。C分包商在紧挨本项目的周边从事过同类项目，认为本项目的地质条件和原来从事的那个项目不会有太大的不同，认为桩基不会有太大风险，同时认为地基处理部分还可以进行设计优化。

基于以上情况，A总承包商与C分包商签订了总价分包合同。但在实施过程中，情况没有向C分包商评估的方向发展，经B设计院地质勘察后，发现本项目地质条件与原来紧挨着的那个项目发生了很大的变化，桩长要增加很多，C分包商只能承担因桩长增加而增加的成本。由于C分包商与B设计院没有直接的合同关系，在项目实施过程中也没有很好地处理好关系，地基处理也没进一步设计优化。

所以，合同谈判过程中必须坚持自己的底线，像上面这个小案例，C分包商没有任何变更索赔的理由，只能自己承担损失。

第八章
工程变更索赔实例

第一节　某公路项目的合同交底

合同签订后，由投标人员对项目管理人员进行合同交底。

合同交底的内容包括项目概况、投标背景、投标策略、合同文件、项目风险、施工方案、投标报价、成本策划等。

合同交底形成交底纪要，项目管理人员要进行认真的学习，项目管理人员依据合同条款、投标策略、现场环境、项目特点等对变更索赔进行策划，制订变更索赔策划方案。

以下是某公路项目合同的交底实例，供大家参考。

一、合同文件内容

组成合同的各项文件应互相解释，互为说明。除项目专用合同条款另有约定外，解释合同文件的优先顺序如下：①合同协议书及各种合同附件（含评标期间和合同谈判过程中的澄清文件和补充资料）；②中标通知书；③投标函及投标函附录；④项目专用合同条款；⑤公路工程专用合同条款；⑥通用合同条款；⑦工程量清单计量规则；⑧项目专用版技术规范；⑨图纸；⑩已标价工程量清单；⑪承包人有关人员、设备投入的承诺及投标文件中的施工组织设计；⑫本市公路工程设计变更管理办法。

注：项目专用合同条款和本市公路工程设计变更管理办法与一般的合同文件内容不同，应该着重关注。

二、工程变更

本项目工程变更执行本省高建局工程建设管理办法中《高速公路工程变更管理实施细则》的规定。工程变更分为设计变更和其他工程变更。

1. 设计变更

设计变更的内容和审批权详细见《高速公路工程变更管理实施细则》的规定。

注：其中第④条：原设计差、漏、错（系图纸工程量计算差错）属于设计变更的内容，项目部技术人员和预算员要在第一时间核实图纸工程数量。

2. 其他工程变更

1）线外工程：是指工程施工破坏了原有道路、排灌系统、公共设施及其他设施，对其进行重建、改建的工程。

2）合同清单差、漏、错。

注：线外工程和合同清单的差、漏、错是可以作为工程变更来处理的。

三、工期的规定

施工企业应考虑因征地拆迁等外部环境导致的工期延误，费用不另行补偿。

注：征地拆迁的影响可以索赔工期，不能索赔费用，所以在施工组织时，要积极配合发包人进行征地拆迁工作，承包商的各项资源（包括人员、机械设备、分包队伍等）要根据工作面的情况适时投入。

四、不利物质条件造成的索赔

不利物质条件，除专用合同条款另有约定外，是指承包人在施工场地遇到的不可预见的自然物质条件、非自然的物质障碍和污染物，包括地下条件和水文条件，但不包括气候条件。

承包人遇到不可预见的不利物质条件时，应采取适应不利物质条件的合理措施继续施工，并及时通知监理人。监理人应及时发出指示，指示构成变更的，按变更约定办理。监理人没有发出指示的，承包人因采取合理措施而增加的费用和（或）工期延误，由发包人承担。

（1）对于项目专用合同条款中已经明确指出的不利物质条件无论承包人是否有其经历和经验均视为承包人在接受合同时已预见其影响，并已在签约合同价中计入因其影响而可能发生的一切费用。

（2）对于项目专用合同条款未明确指出，但是在不利物质条件发生之前，监理人已经指示承包人有可能发生，但承包人未能及时采取有效措施而导致的损失和后果均由承包人承担。

注：本项目专用合同条款没有明确指出不利物质条件，所以遇到不可预见的自然物质条件、非自然的物质障碍和污染物，承包商可以索赔工期和（或）费用，但要及时采取有效措施，并及时通知监理人。

五、发包人工期延误的索赔

在履行合同过程中，由于发包人的下列原因造成工期延误的，承包人有权要求发包人延长工期和（或）增加费用，并支付合理利润：增加合同工作内容；改变合同中任何一项工作的质量要求或其他特性；发包人迟延提供材料、工程设备或变更交货地点的；因发包人原因导致的暂停施工；提供图纸延误；未按合同约定及时支付预付款、进度款；发包人造成工期延误的其他原因。

项目专用合同条款规定：即使由于上述原因造成工期延误，如果受影响的工程并非处在工程施工进度网络计划的关键线路上，则承包人无权要求延长总工期。

六、异常恶劣的气候条件的索赔

由于出现专用合同条款规定的异常恶劣气候的条件导致工期延误的，承包人有权要求发包人延长工期。

注：异常恶劣气候可以延长工期，但不能索赔费用，异常恶劣气候造成的损失可以通过购买工程一切险来防范。

七、政策性调整

指国家政策发生变化或建设项目的标准发生变化，引起工程数量和工程造价的增加。

八、材料价格调整

在合同执行期间，不因人工和材料的价格涨落因素而对本合同各工程细目的单价、合价、总额价进行调整。但对市场价格波动较大的大宗材料（钢材、水泥、沥青、柴油）单价，当计量期内的当期价格与基期价格不符时应进行调整。

调整方法：价差 = 当期价格 – 基期价格，价差 × 材料使用量 = 调整价格

当期价格、基期价格按本市发布的“工程材料价格信息”中的材料价格为准。基期价格按投标截止日期前一个月的信息价格为准，当期价格以本月发布的信息价格为准。

合同交底的目的是让项目管理人员对投标阶段的情况进行详细了解，特别要熟知合同条款的约定，以便有针对性地制定变更索赔策划方案，并且在项目管理过程中遵循合同约定，不能只知道干活儿，而要知道如何通过干活儿来获得更大的赢利，至少能弥补发生的成本。

在现实中，很多项目管理者无视合同约定，按自己的理解、意志去做项目。认为只要不是自己的责任，发包人就应该补偿发生的额外费用。像刚才交底提到的因外部环境不利导致开工迟缓或整体工期顺延，虽然发包人给予工期的顺延，但因此发生的窝工、工期延长增加的管理费用，根据合同约定，承包商要自己承担。所以作为承包商的项目管理者，必须根据合同的约定来做决策。

拿这次新冠肺炎疫情来说，为什么要在防疫的同时尽快复工复产，就是因为根据不可抗力的约定，谁的损失谁来承担。耽误一个月，承包商损失不少。如果抱着疫情造成的损失去找发包人索赔，那最后肯定是竹篮打水一场空。

所以，作为承包商的管理者必须要研究合同条款，并据此作出正确的决策。

第二节　某市政项目的变更索赔策划

项目开工前，承包商需要对合同条款、变更索赔机会、反索赔风险等进行分析，制定项目变更索赔策划方案。本节结合一个市政项目的变更索赔策划进行详细叙述。

一、变更索赔指导原则

（1）建立变更索赔的制度和流程，明确责任，加强责任考核和奖罚。这是变更索赔的纲领，无论做什么工作，责任分工必须明确，有了分工，有了责任，奖罚政策必须跟上，不能仅靠管理人员的主动性和积极性去做变更索赔工作。

（2）管理人员要熟悉合同文件、专用技术规范、施工图纸等。这是变更索赔的基础，合同文件是索赔的唯一依据，所以要认真学习并做好合同交底。不能只是造价工程师清楚合同的条款，项目管理人员，特别是项目领导班子更要清楚。

（3）注重策划，大胆立项，统筹考虑工期、质量技术及变更索赔的获利，综合权衡，明确重点，以不影响整个项目管理目标为原则。

凡事预则立不预则废，变更索赔的策划很关键，变更索赔策划始于投标阶段，开工前的策划要结合投标时的考虑。项目管理是一个综合的管理工作，变更索赔不能只考虑费用的比较，要与工期、质量紧密结合。

（4）建立变更索赔台账、变更索赔证据台账，规范化管理是变更索赔成功的保障。

笔者在做项目商务经理的时候，建立了一系列的管理台账。后来，公司总部觉得不错，就在笔者所在公司进行了全面的推广，使商务管理工作更加规范。

（5）注重原始资料的保留、归档和相关资料的有效传递。原始资料，特别是隐蔽分项的资料，是变更索赔的关键证据。

（6）重视反变更、反索赔的不利影响。

（7）及时上报，跟踪审批，争取同期或尽快得到计量。

（8）严格合同履约，为变更索赔创造良好的环境，加强与发包人、设计、监理多层次的沟通。

（9）对一些合同条款约定有失公平或者模糊、有歧义或者比较敏感的变更索赔事项，宜先收集资料，留下原始证据（文字、影像等）。

（10）以合同为准则，以事实为依据，经得起审查和审计。

二、工程变更索赔管理目标

1. 合同额增量导向

通过变更索赔增加合同金额。

2. 利润增量导向

通过变更索赔获取合理利润或降低项目成本。

本项目为单价合同，投标时适当考虑了不平衡报价，根据本项目的特点及对重大变更的前期分析，应更加侧重利润增量导向的思路。

三、做好图纸会审工作

工程开工前，项目总工牵头做好图纸会审工作，仔细校核工程量，提出合理的修改方案与监理、设计进行沟通。校核图纸工程量的重点除了设计图纸中计算错误的工程项目外，应着重对以下情况进行考虑和分析：

（1）设计图纸中漏项而实际施工必须发生或技术规范要求独立支付的工程数量。

（2）设计图纸中明确要求而工程数量表或工程量清单中漏列的数量。

（3）根据定额或技术规范要求，需由施工组织设计提出确定的工程量。

（4）根据质量要求，必须进行优化设计而增列的工程量。

（5）现场实测与图纸不符的工程量。如原地面标高、土石比例划分等，这点很关键，是做“埋伏”的重点。

（6）施工现场地质或水文条件使施工作业受到限制或设计文件条件与实际情况不符，使投标阶段确定的施工工艺、施工方法、施工程序发生改变，从而使工程数量发生改变或需要增加措施项目。

在满足合同文件要求的前提下，在做变更索赔策划方案时，尽量增加工程量清单中单价高的工程量，减少单价明显偏低的工程量；增加工程量清单中没有支付项的工程量，争取重新确定新增工程量单价的机会。

四、工程变更索赔立项

造价工程师在开工前应分析合同单价和成本单价情况，按高利润、低利润、接近或低于成本价对工程项目进行分类，以指导变更索赔的方向。

项目经理组织会议，根据造价工程师分析的合同单价和成本情况，结合项目工期、技术质量要求、现场条件等情况，策划变更索赔的立项。

凡是项目本身、施工外部条件与投标阶段招标文件给出的条件存在差异的，都应引起重视。做好分析，大胆立项，“不怕实现不了，就怕想不到或不敢立项”。

1. 路基变更索赔的策划项

（1）原地面地形地貌，特别是标高、断面、水塘、淤泥等与设计文件的不同造成的工程量差；

（2）砍伐与挖除数量、分类、位置、挖除区域地质条件、弃运地点等发生的改变或与设计不符的情况，均可以提起变更索赔立项；

（3）地基的处理方式根据现场条件、补勘进行策划；

（4）项目开工前，对原地面处理方式、地基承载力等要进行工程试验，为变更索赔策划提供依据；例如，原地面清表后、填前碾压压实度达不到规范要求，要进行原地面处理的变更。策划项有原地面掺灰处理、清淤换填等；

（5）路基挖填土方、石方比例的变化；

（6）土石方调配方案，运距的变化；

（7）取、弃土场变化和相应的防护、便道、征拆费用等；

（8）取土场土、石比例变化。计量填方数量时，按实际发生数量计算（包括路基沉降、超宽填筑等），提高土的压实度时，要考虑调整填筑单价。

在各分项工程施工前或施工中结合现场情况适时提出变更，以减少投入、降低成本、优化工艺、保证质量。

2. 桥涵变更索赔的策划项

（1）基坑开挖考虑开挖地质条件、弃土数量、支护形式等与设计的差异，同时考虑便道行车及施工对边坡的扰动因素，适当增加安全措施。

（2）不利物质条件：桩基所在位置有不利物质条件，要进行费用的变更、超灌混凝土量的签认等。

（3）地质的变化：钻孔的变更，若穿过与设计不符的地质，要重新上报单价。

（4）节约成本的变更：桩径、墩台身尺寸的统一等。例如，空心墩变更为实心墩、变截面变更为等截面等。

（5）涵洞基础的地质条件与设计不同时，增加地基处理方案或进行软基处理方案的变更。

（6）涵洞所在位置，若原地面标高与图纸设计标高不符，则可以进行明涵与暗涵的转化。

（7）根据现场地形地貌，与当地政府进行沟通，把涵洞的结构尺寸或结构形式进行加大或改变。

涵洞工程可以根据现场水系的情况，进行结构形式的变更。

3. 路面变更索赔的策划项

路面工程变更的项目相对较少，但也比较关键，主要是充分利用沿线较丰富的地材进行变更策划，改变路基底基层、基层的材料组成。

如果路面底基层、基层有可能进行变更，由于工程量较大，可能盈利的空间会比较大。

4. 隧道工程的变更策划项

（1）洞口围岩及防护变更（增加长管棚、中空注浆锚杆等）。

（2）围岩级别、初期支护方式、掘进方法等变更。

（3）隧道内仰拱因地质情况较差进行变更。

（4）隧道弃渣场地及防护类型的变更。

这个项目只有一个200多米的小隧道，如果隧道占比较大，隧道的变更索赔应作为一个重点来策划。

市政项目、公路项目、铁路项目的变更原则是不同的，因此要吃透变更原则，与设计进行良好沟通，才可以有针对性地进行变更策划。“金隧银桥”，除了说隧道利润率比桥、路要高一些，还意指隧道的利润是可以通过变更来实现的。

五、变更索赔应注意的问题

1. 现场踏勘与计算

施工现场的踏勘必须严谨、认真，工程数量计算要合理、准确，同时多方位、多角度地拍摄影像资料。

2. 证据收集与论证

要认真研究招标文件、合同和图纸，掌握关键要素，确保变更索赔项目有据可循，不能理想化。

3. 费用计算与对比

要按照最不利条件计算费用，并综合考虑成本、工期和质量三者之间的关系。

4. 确定立项依据

要根据现场实际情况，结合招标投标文件、有关标准规范，合理规避责任，以降低成本、节省投资、简化工艺、降低施工难度、增加利润为目的，证据链必须完整。

5. 合理沟通

要在合作共赢、公平合理、证据确凿、对各方声誉及利益均无损害的前提下进行沟通，争取获得多方支持，多找客观方面的理由，不能过多让设计人、发包人承担责任。

6. 履行变更程序

严格按照合同约定程序履行审批程序，及时办理相关手续。做好变更项目施工过程资料的收集工作，闭合证据链，确保审计不出纰漏，保护各方利益。

第三节　变更索赔信息化管理

变更索赔信息化管理其实是一种管理手段，先说一下信息化管理的目的。

一、变更索赔信息化管理的目的

1. 规范化管理

使变更索赔工作更加规范化，按管理要求建立各类台账，格式统一、内容完整，项目经理和授权的管理人员通过查看台账就可以对变更索赔有一个全面、清晰的认识：清楚工作进展情况怎么样了？下一步的重点工作是什么？重要节点有哪些？是谁在负责每一个阶段的工作？

2. 资料的有效传递和保存

通过信息化管理手段，能够使与变更索赔相关的相关图纸、施工规范、合同交底纪要、变更索赔策划方案、设计变更、其他变更、价格信息、现场地质变化、监理指令、工艺变化、地方干扰、意外灾害等信息、资料、数据等，在承包商项目部内部及时、有效地传递。

变更类资料由项目总工牵头，项目总工应及时对设计变更进行交底。变更类资料和变更交底及时传递给资料员，资料员负责统一存档、分发。

主办工程师对施工现场的原始资料进行记录、整理，施工日志、现场原始记录、现场照片均应保留完整。需要监理、发包人签字的资料，需及时签字。涉及现场的变更索赔资料，主办工程师要及时传递给资料员，资料员负责统一存档、分发。

发包人、监理召开会议，要及时形成会议纪要，资料员负责统一存档、分发。

商务合约部门根据以上相关资料，及时准备变更索赔文件，并建立变更索赔证据台账和变更索赔档案台账。

二、变更索赔证据台账

工程变更索赔证据台账包括：合同文件，招标投标文件，招标投标阶段的图纸，技术规格书，补遗文件，变更通知单，变更图纸，发包人、监理的发文、指令，会议纪要，备忘录，工程业务联系单，工程技术资料，施工方案，现场施工记录等。见表 8-1 ~ 表 8-6。

变更索赔证据台账　　表8-1

编号	证据名称	内容	保存人	备注

设计变更图纸、变更通知单台账　　表8-2

日期	变更图纸、通知单编号	变更内容	备注

工程来往文件台账　　表8-3

日期	联系单编号	内容	负责人	发包人、监理签收	备注

注：按监理、发包人、设计、其他单位分别填写。

发包人、监理、设计会议纪要台账　　表8-4

日期	编号	纪要内容	备注

发包人计量台账　　表8-5

序号	年月	计量金额（元）	付款金额（元）	发文日期	收文日期	备注

备注：合同金额、变更金额、工程款支付条款、发包人批复时间、批复后付款时间等的说明。

已完工项目结算台账　　表8-6

序号	项目名称	合同编号	签订日期	合同金额	申报金额	批复金额	申报时间	批复时间
1								
2								
3								

三、变更索赔档案台账

工程变更索赔档案台账（见表8-7）包括：台账记录事项编号，工程变更索赔事由、依据，相关证据，工程造价，工程变更索赔事件负责人，拟上报时间，目前执行状态，执行过程中遇到的问题等。台账实行动态记录，随时更新，项目经理可以随时查看，每月汇总台账给公司总部的主管部门。

变更索赔档案台账　　表8-7

序号	事项	申报金额	批复金额	上报时间	批复时间	主要依据	进展情况	存在分歧	工程量及单价计算原则

项目商务合约经理协助项目经理全面负责变更索赔工作，做好项目经理的参谋，对上报监理、发包人的变更索赔资料统一进行把关，对变更索赔的资料的审批节点进行掌握，对需要协调的工作进行安排。变更索赔是一个专业性和系统性都很强的工作，所以商务经理不但要具备专业的变更索赔知识和管理经验，同时也必须具备较强的协调能力、沟通能力。

这些台账都是在项目实践中总结出来的，可以根据项目的情况进行完善和修订，使变更索赔工作更加规范化、标准化。

第四节　竣工结算的流程和考核

一、竣工结算流程

1. 编制工程结算资料

变更图纸，发包人、设计、监理、施工单位之间往来的工程业务联系单，工程量计算书等相关工程竣工结算资料统一装订成册，并编制目录。

2. 编制工程结算书

根据结算资料编制工程结算书，在分部分项上备注工程量的出处及对应工程结算资料的位置；在工程变更索赔项目上备注所依据的工程业务联系单以及此工程业务联系单在工程资料中的位置和编号。

3. 监理审核

工程结算书编制完后（按监理和发包人要求的份数），把工程结算书及工程结算资料报到监理处，并结合竣工资料与监理核对工程项目及工程量，审核完毕后，监理出具工程结算审核报告。

4. 发包人审核

监理把审核后的工程结算书及工程结算资料和监理审核报告，报送到发包人处。由发包人进行审核，审核后由相关人员会签及盖章。

5. 工程审计

政府投资和以政府投资为主的项目往往要进行审计。发包人审核后，进入工程审计阶段。审计所需资料为工程结算书、工程结算资料、竣工资料及施工单位相关的原始测图等。

一些地方政策存在硬性要求将行政审计结果作为结算工程价款依据，这是不合法的。限制了民事权利，超越了地方立法权限。《2015年全国民事审判工作会议纪要》对此问题进行了明确："依法有效的建设工程施工合同，双方当事人均应依约履行。"

除合同另有约定，当事人请求以审计机关做出的审计报告、财政评审机构做出的评审结论作为工程价款结算依据的，一般不予支持。

合同约定以审计机关出具的审计意见作为工程价款结算依据的，应遵循当事人缔约本意，将合同约定的工程价款结算依据确定为真实、有效的审计结论。

承包人提供证据证明审计机关的审计意见具有不真实、不客观的情形，人民法院可以准许当事人补充鉴定、重新质证或者补充质证等方法，纠正审计意见存在的缺陷。上述方法不能解决的，应准许当事人申请对工程造价进行鉴定。

另外，全国人大法工委于2017年6月5日做出《关于对地方性法规中以审计结果作为政府投资建设项目竣工结算依据有关规定提出的审查建议的复函》。

该函指出："地方性法规中直接以审计结果作为竣工结算依据和应当在招标文件中载明或者在合同中约定以审计结果作为竣工结算依据的规定，限制了民事权利，超越了地方立法权限，应当予以纠正。"

但政府投资和以政府投资为主的建设项目中，仍有大量项目在招标文件以及合同中约定"以行政审计结果为结算依据"。

承包商迫于劣势地位，也只好认同。这便导致了工程在如期竣工后，部分发包人以审计未完成为由，拒绝付款。

由于审计部门的审计不是确定工程价款的唯一方式，工程价款可以通过司法鉴定的方式予以确定。为解决工程款久拖不决的问题，承包商可以借助司法程序向法院申请，委托鉴定机构对工程结算进行司法鉴定。

2019年9月，工业和信息化部发布《及时支付中小企业款项管理办法（征求意见稿）》。该征求意见稿中明确提出，国家机关、事业单位不得以审计作为支付中小企业款项的条件，不得以审计结果作为结算依据。

二、工程竣工结算考核

项目完工后，承包商应尽快完成工程竣工结算，收取工程尾款。竣工结算一般拖的时间比较长，造成承包商应收账款和存货居高不下，所以承包商总部对竣工结算要建立考核办法，并纳入承包商总部对项目部的经济责任制考核中。

下面为某承包商的工程竣工结算考核办法：

1. 项目分类

根据工程的合同金额和重要程度，把工程分为A、B、C、D四类，年初制定工程项目的分类和工程竣工结算计划安排。

A类项目：合同额1.5亿元及以上的项目；

B类项目：合同额8000万～1.5亿元的项目；

C类项目：合同额1000万～8000万元的项目；

D类项目：1000万元以下的项目。

2. 奖励金额

工程竣工验收后14天内，项目部必须及时给发包人上报竣工结算文件。上报的竣工结算文件经发包人审定，并经审计完成后，以竣工时间为起算点，按以下时间区间，给予项目部奖励，见表8–8。

奖励金额（单位：元）　　表8–8

时间	A类	B类	C类	D类
1个月内完成	40000	20000	6000	1500
2个月内完成	20000	10000	4000	1000
3个月内完成	5000	4000	2000	800

为了保证尽快完成项目竣工结算工作，项目部要注重过程中索赔事项的及时上报和签认工作，在满足竣工结算时间的前提下，承包商总部对工程变更索赔过程管理中业绩比较突出的项目部给予奖励，奖励金额为10000～20000元。

3. 处罚规定

竣工结算三个月不能完成的，对项目经理进行经济或行政处罚。

竣工结算是总包企业的一个“老大难”问题。主要是过程中的变更索赔不能及时签认，所有问题都归结在最后结算时来解决；但过程中解决不了的变更索赔难题，最后结算时解决的可能性很小，所以必须要坚持“合同约定是依据、基础资料是基础、过程解决很关键”的原则，把工程变更索赔工作做到实处，做到过程中。

三、变更索赔管理的过程考核

承包商总部要建立对变更索赔管理工作的考核标准，从管理制度、前期策划、文件传递、台账清单、工作效果、竣工结算等几方面对变更索赔管理工作进行考核（见表 8–9），对变更索赔管理工作优秀的项目部和个人进行奖励，并进行经验的总结和推广，提高变更索赔工作的质量。

工程变更索赔管理考核评分表　　表8–9

序号	考核项目	工作考核具体内容	评分
一	管理制度（15 分）	工程变更索赔岗位责任制度（5 分）	
		工程变更索赔工作流程（5 分）	
		工程变更索赔月例会制度（5 分）	
二	前期策划（15 分）	主合同交底、策划、传递（5 分）	
		工程变更索赔计划、传递（10 分）	
三	文件传递（10 分）	图纸文件有效传递（10 分）	
四	管理台账（35 分）	项目结算台账（5 分）	
		工程变更索赔台账（5 分）	
		工程变更索赔证据台账（5 分）	
		设计变更图纸台账（5 分）	
		来往文件台账（5 分）	
		发包人、监理会议纪要台账（5 分）	
		计量、承包、分包台账（5 分）	
五	工作效果（25 分）	工程变更索赔事项及时签认（10 分）	
		工程变更索赔成功率、额度（10 分）	
		工程变更索赔的客观分析（5 分）	
六	竣工结算（10 分）	竣工结算及时性、完整性（8 分）	
		竣工结算文件公司存档（2 分）	
		合计得分	

第五节　某工程停工索赔案例

某工程承包商于 2016 年 3 月 20 日中标，合同总额为 1.8 亿元，合同工期为 2016 年 6 月 1 日—2017 年 11 月 15 日。

一、开工

2016年6月1日，工程准时开工。

二、停工

2016年12月5日，因工程款不到位停工。

施工过程中发包人工程款不到位，承包商按程序向发包人发出通知，要求发包人按时支付工程款。发包人收到承包商通知后28天内仍没有付款，承包商决定暂停工程施工，并通知了监理人。

根据本项目通用合同条款发包人违约的情形，其中第（2）条是这样约定的：在合同履行过程中发生下列情形的，属于发包人违约：（2）因发包人原因未能按合同约定支付合同价款的。

发包人违约的责任是这样约定的：发包人应承担因其违约给承包商增加的费用和（或）延误的工期，并支付承包商合理的利润。发包人违约在专用合同条款中没有再进行详细约定。

三、复工谈判

2017年10月26日，就复工问题，发包人与承包商召开会议。

会议内容如下：本工程于2016年12月5日停工，经双方协商决定于2017年10月30日复工，为确认承包商的停工损失，针对承包商提出问题，双方达成共识，确认如下：

（1）因工期延误造成的钢筋、水泥价格上涨，发包人承诺给予补偿，具体计算原则双方协商。

（2）停工后，留在施工现场的机械设备可以据实计算停滞费用，但相关证据必须齐全。

（3）停工后，调离的机械设备再次进场，可以计算二次调遣费用，按实际发生支付。

（4）因为工期延误造成的预制场租赁时间增加而引起的租赁费增加，发包人予以补偿，补偿时间及费用双方协商解决。

（5）停工期间施工现场的看管费用、水电费用支出按实际发生计算。

（6）停工前未支付的工程款，财务费用另议。

（7）停工期间发生的临建折旧另议。

（8）停工期间承包商其他现场的管理费另议。

双方定于2017年12月31日前确认各项费用并签订补充协议。

四、复工

经双方友好沟通，确定2017年10月30日复工。

五、停工损失确认

2017年12月4日，项目部上报了停工损失索赔报告。

由于材料价格上涨部分确认比较复杂，监理建议除材料价格上涨部分的其他费用先行上报，以便尽快确认。

承包商2018年1月23日重新上报除材料价格上涨部分的索赔费用报告，2018年3月1日上报了材料价格上涨费用的报告。

发包人对承包商上报的索赔报告进行审核，迟迟不能达成共识。

承包商于2018年4月18日上报《关于尽快确认停工费用和复工后材料价格上涨有关事宜》的报告，希望发包人在2018年4月25日前进行确认。如不能尽快解决，工程将于2018年4月底再次停工。

经双方进行多次洽谈、协商、博弈，于2018年4月25日对停工索赔费用和材料价格上涨的计算原则达成共识，双方签订了补充协议。停工索赔谈判历经半年，先说一下谈判达成的结果和一些费用计算的原则。

1. 钢筋、水泥价格上涨费用

根据合同文件，材料涨价包含在综合单价中，但停工属于发包人违约，对钢筋、水泥的价格上涨发包人同意调整费用。

最后确定的原则：对停工前的材料价格不调整，复工后的材料价格按复工后当月实际材料采购价格与停工前1个月的实际采购价格为准，计算价差。复工以后的材料价格再发生变化，不再进行调整。

对价差计算原则，承包商一直坚持复工后，按每月实际采购价格据实调整，但发包人坚持按上述原则，锁定价差。最后承包商让步，按发包人确定的原则达成共识。

2. 机械设备停滞费用

停工后，承包商对停滞的机械设备没有给监理和发包人进行报备，在停工索赔谈判中承包商始终处于被动地位，最后发包人因承包商没有证据为由，只同意赔偿预制场拌合站的停滞费用，其他现场停滞的机械设备不予确认。

承包商大部分机械设备在停工后陆续调出，现场一直停滞的机械设备也没有太多，最后也是做出让步。

3. 机械二次调遣费用

机械二次进场费用双方没有异议，据实计算。

4. 预制场租赁费用

承包商有预制场租赁合同，双方没有异议，据实计算。

5. 现场管理费

项目停工后，现场只发生看管人员的工资费用、水电费用、临时设施使用时间延长增加的费用，双方都没有异议。临建增加的费用按现场板房同类的市场租赁价格和停工时间进行计算。

6. 解除订货合同发生的违约费用

承包商在停工前签订了部分安装设备的采购合同，但由于项目停工，取消采购合同，承包商与设备供应商的违约费用在承包商和发包人的索赔中据实计算。

7. 未支付工程进度款的利息

在索赔报告中，承包商申请赔偿拖欠工程进度款的利息为221万元，由于专用合同条款没有对发包人的违约责任进行约定，对于利息费用没有达成共识，承包商最后让步。

六、案例启示

1. 重视合同管理

合同是索赔成功的必要条件，不能脱离合同谈索赔。全面、严格地履行合同是进行索赔的必要条件，同时，签订一个好的合同文本，既有利于合同的履行，也有利于为索赔提供依据。

本案例中，由于合同没有约定发包人延付工程款的违约责任，再加之承包商和发包人的不平等地位，谈判到最后，承包商只好无奈地做出了让步。

2. 承包商对停工后的安排要与发包人做好沟通，对停工时间、复工计划、停工费用原则进行确认，并形成会议纪要

在本案例中，项目停工后，承包商和发包人没有对停工损失的计算原则进行确认，也没有明确的复工计划，承包商的人员、机械设备进退两难。

3. 停工后，承包商要做好现场看管人员、停滞机械设备的备案，及时报监理、发包人进行签认，留下索赔的证据

案例中，停工后留在施工现场的机械设备由于没有证据，发包人拒绝补偿。

4. 停工损失没有确认，承包商复工，谈判中处处被动

如果承包商能够坚持“停工损失不予确认，就不复工”的态度，那索赔谈判就不至于如此被动，双方博弈的结果也会大不相同。所以，承包商还是要坚持一定的底线。

在承包商2018年4月18日上报的《关于尽快确认停工费用和复工后材料价格上涨有关事宜》的报告中，明确要求发包人在2018年4月25日前进行停工损失的确认。如不能解决，工程将于2018年4月底再次停工。发包人也是迫于承包商再次停工的压力，与承包商达成了共识。如果在半年前复工时，承包商就采取这样果断的态度，索赔的谈判就会占得先机。

第六节　某房建工程材料价差索赔

某新建厂区房建项目施工过程中，时逢全运会举办，北京周边的建筑市场受到一定程度的影响，钢筋、商品混凝土、柴油市场价格波动幅度很大，已经远远超出承包人的承受能力，工程过程中就该问题展开索赔。

一、索赔事项的确立

由于本工程合同调价条款约束相当严格，对于材料调价部分没有明确约定，给索赔立项带来极大困难。

针对合同条款内找不到突破口的现状，转而通过寻求政府发布文件作为支持性依据，依据 ×× 市住房和城乡建设委《关于妥善处理建设工程材料价格波动问题

的指导意见》的相关内容，结合《建设工程工程量清单计价规范》GB 50500—2013中可参照的材料价格变动幅度实现立项。

承包商索赔除了依据合同外，政策依据、政策文件也是很关键的依据。所以，造价工程师在平时工作中，要多收集、多关注行业部门颁发的各类政策文件，与项目实际情况相结合，找到索赔的突破口。

很多政策文件都是指导性的，承包商还需要与发包人做好沟通，沟通尤其关键。一是承包商与发包人的良好关系，这是市场规则；二是承包商要按照合同约定，把项目做好，这是基础。两者缺一不可。

二、钢筋及燃油数量的确定

钢筋工程量通过图纸计算净用量，并增加损耗系数可以得到。

本项目是新建厂区，项目用电采用发电机发电，承包商在投标时考虑了发电机发电。在相关分项的单价分析中，增加了发电机的使用台班数量。根据发电机的使用台班和定额台班燃油用量，计算出燃油的使用数量。

如果单价分析表中，没有增加发电机台班，投标时发电机发电费用按措施费考虑，则发电机的台班数可以通过现场签证的方式确定。根据发电机签证台班和定额台班燃油用量（或台班实际油耗），计算燃油的使用数量。

一般来说，定额的台班油耗比实际油耗要高一些。承包商在索赔过程中，使用定额的台班油耗，有依有据，也经得起审计，前提是发包人能够理解、能够认可。大多数专业人士也会懂，不要故作聪明，要学会真诚地去沟通。

三、索赔中的钢筋及燃油单价的确定

由于投标文件中未附主要材料价格，给基期价格取定带来很大困难。承包商采取搜集基期钢筋及燃油发票、重组中标单价的单价分析表等方法，也均被发包人一一否决。最终，通过多轮协商，确定钢筋、燃油的基期和调价期价格。这些价格均按照当地建设主管部门发布的造价信息价格为准，计算材料价差。

一般在材料调价中，很少采用实际采购的价格，按造价部门发布的信息价格计算材料调价较合理，实际应用得比较多。但还是建议，承包商在投标阶段，如果合同条款约定材料涨价的风险承包商自行考虑，则材料单价不宜考虑涨价系数。如果考虑涨价因素，则在综合单价中进行考虑，以免项目实施阶段条件变化后，若材料可以调价，则会带来麻烦。

四、索赔价款的确定

以上基础数据经监理、发包人多次审核后，按照各月使用数量乘以当月价差计算当月材差，汇总后计取税金即为索赔价款，承包商最终成功获得了主体结构钢筋价差及燃油价差的调整。

在这个案例中，索赔立项费尽周折，索赔过程比较艰难。收集证据和原始支持资料的过程也很长，但最终索赔结果比较理想。

五、案例启示

（1）索赔立项是第一步，没有“1”，后面多少个“0”也没有意义。

（2）承包商与发包人良好的关系是基础，这一点大家都清楚。

（3）主要材料价格波动较大时，先不管合同条款如何约定，承包商应及时向发包人提交索赔意向。

（4）当材料价格波动较大时，承包商要高度关注政府主管部门发布的政策，积极与发包人进行沟通。

（5）收集当地建设主管部门发布的材料价格信息，做好主要材料价格变化趋势的分析，并与实际采购价格进行对比。

（6）承包商要建立主要材料采购台账，材料采购发票保存齐全，作为材料调价可能用到的证据。另外，材料采购发票如何开具，要提前做好策划，可以在量、价上做适当调整。

（7）项目投标时，在保证综合单价不变的前提下，材料单价如何体现在投标文件中，要有策略性的考虑。

第七节　某海堤项目结算审计

项目竣工结算上报后，审计单位进行竣工结算审计。

该工程的海堤结构与以往的不同之处在于断面变化较多，但施工图纸只给出了很少的断面图。如果按照仅有的施工图纸计算工程量，将会给承包商造成损失。

海堤的施工顺序是这样的：先对堤身下的淤泥进行挖除，达到设计验收标准后，才可以进行海堤的石料抛填。

为了计算得到真实准确的工程量，承包商、发包人与审计单位协商后，统一了计算方法，将整个海堤按 10m 一个断面分成 100 多个断面进行工程量计算。承包商上报的竣工结算中，挖泥和石料抛填的工程量也是据此计算的。

工程量计算原则确定后，就要从最基本的工作开始做起了。首先，对原泥面标高进行核实，项目开工后，根据承包商的施工经验对原泥面进行了实测，挖泥完成后石料抛填前，又对挖泥后的断面进行了测量。这两次测量的原始数据有监理和发包人的书面签认。

这里，最关键的一点就是隐蔽工程的验收和测量数据的签认，这是索赔最基础的资料，必须高度重视。

本工程为施工单价合同，工程量据实结算，证据完整，原始数据有监理、发包人的签字确认，审计最后认可了承包商上报的竣工结算，顺利通过审计。

这个案例告诉我们：隐蔽工程的验收必须引起承包商的高度重视，不但要有完整的记录，而且要及时签认，更要在测量的时候进行策划。比如，原泥面是不是可以抬高一些，挖泥后的测量标高是不是可以适当调整一些，这些都有一定的技巧和运作在里面。在项目现场的朋友们对这些门道都清楚，为什么同样的项目同样的价格，有的单位赚钱，有的单位干就赔钱，项目的操作空间还是比较大的。

在土建、公路、市政工程中，也同样需要对隐蔽工程测量、试验等工作进行一定的策划。但承包商不能为了利益而漠视质量和安全，那就本末倒置了。

第八节　某初设招标项目的变更索赔

一、深刻理解合同条款，索赔策划必不可少

对初设招标投标的项目，要认真研究合同条款，分析利弊，确定索赔策划方案，要充分利用合同条款的约定，而不是被动地接受。

本案例中，合同约定“0版施工图与招标阶段的初步设计图纸费发生变化，费用增减200万以内的不进行调整，增减超出200万，只对超出的部分进行调整；0版施工图下发后，再发生变更带来的工程量增减据实调整”。

中标后，承包商第一时间与设计院进行沟通，尽量避免0版施工图工程量大于初设的工程量。如果根据设计计算，工程量必须增加，建议设计院尽量作为0版施工图的变更处理。通过前期的运作和沟通，承包商获得了一定的利益。

但这必须取得设计院的大力支持，同时发包人也要能够理解。

二、索赔资料上报和确认要及时，避免出现后补

发包人安排的合同外项目和理由充分的索赔项目，必须要及时上报施工方案、变更费用等，按合同要求的内容和时间上报监理、发包人，并在施工过程得到及时签认，并与发包人沟通。在月度计量支付工程款时，同期支付合同外项目价款和变更索赔费用。

该案例中，发包人委托的进场道路项目，施工过程中都没有形成正式的任务书和会议纪要。幸好过程中的原始测量数据都有监理、发包人的签认，最后结算的时候，才没有给承包商造成不必要的损失。

三、索赔工作要有信心，索赔资料要完善，经得起审计

索赔的过程其实是一个谈判、渐进的过程，所以承包商要找到尽可能多的索赔点，要对合同条款进行多方面理解，从不同的角度去据理力争，并且准备完整的索赔资料是必备的条件。

承包商通过与发包人的多次沟通和会议，进行反复辩解、争论和谈判，从有利于施工方的观点来说服监理、发包人。很多索赔项目一点点明确下来，索赔资料在过程中也得到了完善和补充。

工程中由于淤泥换填增加350多万费用，监理、发包人一直把淤泥换填作为0版施工图与初步设计之间的差异。根据合同规定，只有增加200万才可调增费用，但承包商从另外一个角度理解，认为增加的工程量不属于本标段的施工范围，合同工程量清单中有没有淤泥换填的项目，通过多次与监理、发包人进行核实，使监理、发包人认可了此项为合同外施工项目，费用据实调增。

四、清晰发包人索赔程序，重视与监理、发包人的关系

索赔的成功除了准备充分的索赔资料外，必须处理好与监理、发包人的关系。监理、发包人中下管理层的关系也必须重视，必须明确沟通的层次。从下到上逐级审核是正常的索赔程序，是水到渠成的事实。如果从上到下，发包人上层要负太多的责任，索赔工作很难达到预期的效果。发包人内部的关系和管理程序也会影响索赔的进度及效果，所以对发包人内部各管理层之间的关系和索赔程序要比较清晰，才能有针对性地开展工作。

五、案例启示

（1）从合同角度和成本角度尽量找出多的索赔点，并对索赔项目进行分类。明确哪些是必需的、哪些是争取的、哪些是作为发包人理解给予补偿的，这样索赔方向才能明确，才能有的放矢。

（2）索赔证据必须有力、索赔资料必须完备，要经得起审计，要多从发包人的角度考虑问题。

（3）索赔是对项目造价支出的弥补，但并不是所用的成本亏损都可以通过索赔渠道来弥补。

（4）根据合同条款没有一点理由的索赔项目，最好的办法争取发包人的理解，从其他项目上给予补偿。

（5）通过索赔理由充分的项目，把费用适当做大，弥补没有索赔理由但成本亏损的项目，或获得适当利润。

（6）索赔工作要注重索赔金额与索赔进度的关系，要有索赔重点，适当让步是谈判的基础。

第九节　研究技术规格书，寻找谈判突破口

施工合同是以遵循双方意愿签订的，双方都应严格履行合同中约定的各自的责任与义务。当合同双方在合同履行期间发生争议时，首先要研究一下合同中是怎么约定的。

阿联酋一个河道整治工程，施工合同中“D”项为技术规格书，主要描述工程施工应采用的规范、标准及现场施工所必须遵循的规定。其中，01150项“计量与支付”章节中，规定了各分项工程的计量方法与支付范围。

在工程量清单中有一项是“块石护坡”，是分阶段验收、按月计量的。承包商项目部在月底编制了计量清单，块石护坡和土工布是分别按“3.3 块石护坡”和“3.6 土工布”的单价分开计量的。

但承包商项目部将计量清单提交给监理工程师后，监理工程师却认为块石下的土工布包含在块石护坡单价中，对土工布铺设不能再额外单独计量。

监理工程师的理由是：在3.3条中，块石护坡是这样规定的：工作内容包括按照规定厚度进行边坡防护的护面块石的采购和安放、灌浆、测量、土工布覆盖等，按照图纸的说明完成。

我们都知道，合同综合单价是完成本项目所发生的所有费用。若按照监理工程师的理解，根本没有理由再额外计量土工布的费用，也没有必要去研究这一条款了。

下面提出一个问题，大家考虑一下。单价中包括了土工布覆盖的费用，但是否包含了土工布的材料采购和铺设费用呢？能否从其他条款中找出充分的证据呢？

在技术规格书中，针对“3.3 块石护坡”项目，关于块石的描述为“采购和安装”；而对块石下面的土工布描述为“覆盖”，并没有“采购和安装”的字句。

而且，在“3.6 土工布”中是这样描述的：工作内容包括土工布的供应、安放、固定、重叠、测量等，按照图纸的说明和制造商的建议完成。

“3.3 块石护坡”单价中是不包括土工布的采购和铺设的，“覆盖”一词只能理解为对铺设完的土工布进行整理而已。至于土工布的采购和铺设，则要按“3.6 土工布”的单价单独计量。

不管这位监理工程师有意还是无意，最后监理工程师认可了承包商的理解。

希望通过这一案例，提醒大家在合同履行期间要认真研究合同，特别是计量与支付的条款，字斟句酌地去体会其含义。承包商对技术规格书研究得越深入，发现的问题也越多，也给谈判多增加获胜的筹码。

国际工程的特点之一就是设计标准、施工标准、技术规格书要求的差异性比较大，很多做法无经验可循，在投标阶段，就要认真、细致地研究招标文件和技术规格书，才能有针对性地做出应对，任何的遗漏和认识分歧都有可能带来风险。

南亚某道路项目投标中，当地只有河砂作为路基回填材料。如果满足技术规格书中要求的压实度，根据试验数据要掺加 2% 水泥，增加成本约 260 万美元。

某项目投标时，对合同、规范研究不够，将管道挖方的材料作为回填材料使用。中标后，发现技术规范书要求使用碎石回填，导致成本大大增加。

东非某市政项目，合同要求大口径蝶阀优先考虑青铜铝材质。全球生产青铜铝材质的厂家很少，价格高，承包商为了提高投标竞争力，选择了国产的球墨铸铁蝶阀进行组价。项目实施过程中，发包人不同意使用球墨铸铁蝶阀，要求优先选择青铜铝，致使承包商本项目的采购成本大幅增加。

第十节　某市政项目变更索赔总结

一、认真学习合同，提高索赔意识

为做好变更索赔工作，在项目开工初期，承包商的项目部组织有关人员进行合同学习。

学习合同的目的就是从合同中找出索赔依据，也使有关人员真正了解到哪些项目属于索赔范围，增强有关职能人员的索赔意识，在施工管理过程中，做到按合同约定开展工作，收集积累证据，给索赔工作铺平道路。

二、找准利润增长点，优化设计方案

1. 地质条件变化，顶管方案变大开挖方案

地质条件和投标时提供的资料发生明显变化，原来设计提供的顶管方案已经不可能实现。为此，项目部多次会同发包人及设计单位召开专题会议，探讨大开挖的设计方案，最终确定了既能确保施工进度又能增加项目部利润的大开挖设计方案。

大开挖方案由承包商进行重新报价，并签订补充合同。

2. 土石方比例

在招标阶段，对土石方开挖，设计考虑了 7 ∶ 3 的土、石比例。但在施工过程中，发现可挖动的工程量很少。于是，承包商及时报告监理、发包人及设计单位，通

过现场钻孔取样，重新确认土石方比例，根据钻孔资料，经计算近 80% 需要爆破，并由设计单位出具了设计变更通知单。承包商在投标时，预计爆破工程量可能会有所增加，爆破单价做得比较高，承包商通过这一变更获得了很大的利润空间。

三、抓住合同条款漏洞，突破合同约束

本施工合同执行的是行业标准文本，合同条款对承包商要求非常苛刻。在合同专用条款中约定："设计变更、工程签证等费用在 30 万元以上者，对超出部分予以调整。"

在此条款中，发包人认为本条款的定语是"每一个分项工程"。本工程变更项目非常多，且大部分分项变更造价在 30 万元以下。如果按"每一个分项工程变更费用不超过 30 万不予调整"，承包商将会有 200 多万元不能得到发包人的补偿。

为此，承包商项目部多次与发包人沟通、谈判，并以书面的形式致函发包人，阐明观点，最终得到发包人的同意。将本条款的定语理解为"单位工程"，即"每一个单位工程设计变更、工程签证等费用在 30 万元以上者，对超出部分予以调整。"

四、尽量以合同外项目的形式办理索赔

根据合同约定，合同外项目可以据实结算。所以，承包商在变更索赔时尽量以合同外项目的形式办理，不走变更和签证，当然需要和发包人进行沟通。

顶管改大开挖方案，通过承包商与发包人的沟通，最终以合同外项目的形式重新签订了补充合同。另外，卸煤皮带安装、发包人提供的资料有误造成的高程误差及发包人设备上岸等费用，都是以合同外项目的形式进行索赔的。

五、认真学习施工图纸，准确计算变更工程量

本项目工程变更比较繁杂，并且由于招标阶段的图纸设计深度不够，致使施工图与招标图之间存在较大差异。施工图又分为 0 版、1 版，致使设计变更、设计增项及合同外项目非常多。

针对这种情况，为保证索赔工作的及时性，在收到施工图纸后，项目部即刻指派造价工程师、主办技术员对招标图、0 版施工图、1 版施工图仔细核对，进行详

细的工程量计算，最终确定有哪些项目发生了变更，确定变更的工程量，为索赔工作打下坚实的基础。

六、加强原始资料的收集，做好变更费用编制

由于工程设计变更内容非常多，承包商在施工期间加强了对变更资料的收集整理工作。变更费用的编制要求及时准确、理由充足，要求除了有变更费用表外，还要有详细的变更费用编制说明、变更原始依据（如工程业务联系单、会议纪要）、工程量计算书等。为便于监理、发包人审核，还要针对每个变更分项注明工程量变更计算的图纸编号等。总之，目的就是让审核方一目了然，缩短审核时间，提高审核效率。

这个案例是一个承包商项目部的变更索赔总结，做得比较好，希望对大家有所启发。

第十一节　主动推进设计方案变更

一、承包商提出设计变更，降低成本

合同约定基坑支护为总价包干，投标阶段，基坑支护为高压旋喷桩和打设钢板桩。

在投标过程中，承包商按投标阶段的设计方案，计算出高压旋喷桩费用 130 万元，钢板桩费用 155 万元，合计支护总费用 285 万元。为了提高中标机会，支护的费用 285 万元只按成本价考虑。

承包商中标后，为了保证工期、降低费用，建议采用 ϕ600 钻孔灌注桩，桩间拉网锚喷方案替代原设计方案。经与发包人、设计单位协商，认为此方案可行，发包人同意采纳。

变更后支护的成本为 141 万元，节约成本 285–141=144 万元。

此类变更不增加发包人的费用，而且承包商的成本能够降低。让发包人变更，接受起来比较容易一些，也是项目实施过程中承包商策划变更的一种思路。

在总价合同中，承包商策划设计变更时，应以降低成本为主要导向。

二、不平衡报价，实现变更获利

合同约定为单价合同，评标办法约定为最低价中标，市场竞争异常激烈。

在投标过程中，承包商通过对设计方案和成本对比分析，根据以往项目的实施经验，在项目实施过程中可用水泥土搅拌墙替代原设计中的高压旋喷桩。

在投标定价时，承包商大幅降低了高压旋喷桩单价，最终报价占据明显优势，顺利中标。在实际项目实施过程中，水泥土搅拌墙的设计方案得以实施。

承包商利用不平衡报价，主动推进设计变更，是实现设计变更获利的一种方式。

三、施工方案变更

承包商除了主动推动设计变更外，还有一类施工方案的变更，也可以主动推动，以降低项目成本，缩短工期。

施工方案变更一般是由承包商提出，前提是不降低发包人的要求和标准，为了方便施工和成本的降低。发包人对施工方案变更要进行审批，费用一般不会进行调整，除非是外部条件和合同条件等发生变化。

比如：某市政工程，投标时水泥稳定土考虑的是厂拌；项目中标后，承包商计划改为路拌，同样可以达到质量和环保要求，发包人也同意进行变更。这是承包商出于降低成本考虑而提出的施工方案变更。

主动推进设计变更，要注意以下方面：

（1）合同模式是总价合同还是单价合同，主动推进设计变更的策略是不同的，在案例中我们已经讲到。

（2）主动推进设计变更或其他变更，在投标阶段就需要进行策划。

（3）主动推进设计变更，需要承包商有足够的设计、施工经验，并且最好有成功的案例来证明。

（4）承包商主动推进的设计变更，以不增加合同额并更有利于工期和质量保证为前提，这样发包人更容易接受。

（5）适当运用不平衡报价，判断要准确。准确地判断是建立在详细地分析、对比的基础上，不是靠猜测，而是要通过设计比选、工程量计算、成本费用比较而得出的，并且要分析设计方、发包人接受的可能性。

另外，不平衡报价使用要适度。这里个人建议：调低的单价不能低于成本单价，调高的单价不宜高于市场价格的30%。

第十二节　变更索赔资料规范化管理案例

承包商有个项目中间停工，没有办理中间结算，项目部人员也都分散到其他项目上去了。接着，找资料做中间结算，技术资料怎么也找不到。最后，在准备卖废品的尼龙袋子里找到了。后来，这家承包商完善了项目部资料的规范化管理，下面和大家一起分享一下。

一、项目部发送和报验监理的资料

（1）项目部发送和报验监理的资料须由主管领导审核、签字、盖章，之后将文字版和电子版同时交由资料员，并由资料员分门别类、统一编号，登记后才能发送。

这里强调：所有发出的资料，主管领导必须进行审核；技术资料涉及变更索赔的事宜，商务经理、项目经理必须进行审核。

发送监理登记表，即《文件发送登记表》及《文件接收、回执登记表》。

这样做可以追溯文件的发送、接收记录，记录完整，即使报送的资料没有被监理认可，但只要监理接收签字了，根据合同约定，监理在收到文件14天内没有提出意见，一般视为默认。

（2）资料员做好发文登记，建立与发文登记台账的电子版链接，并把电子版的发文清单放到项目部局域网上，各发文责任人可以通过项目部局域网了解资料的发送、返回情况。如发文责任人对所发的资料有特殊要求，应与资料员及时沟通解决。

（3）经监理、发包人批示后返回来的资料，应填写《文件处理会签表》，按照项目经理的批示进行文件处理：需要分发的文件要填写《内部发文登记表》，表中要特别注明原件/复印件及其份数：需要扫描共享的文件，扫描成电子版的形式放到局域网内资料员的电脑上，在发文登记台账上建立扫描文件的电子版链接，方便查看，然后存档。

发送登记表上，把发送的文件分门别类，把同类的放在一起，按照顺序编好编号。把每个名称填写清楚，以便查看。特殊的文件，在备注里标注清楚。

文字版和电子版同时保存完好，特别是有监理、设计、发包人盖章、签字的原件必须保存完整。

（4）报送监理的资料应根据监理规范及监理单位提供的监理报表格式中的划分标准进行分类，表格形式及份数执行监理的要求。

一般监理都有特定的监理管理文件。如果监理不规范，承包商也需要根据常用的表格上报资料。这些上报、审批的资料都有可能是变更索赔的重要证据。

本案例中项目监理要求上报的文件包括：工程业务联系单、材料 / 设备报验、施工测量报验、主要施工设备进退场、隐蔽分项报验、工程计量（付款申请、临时工程计量、安全生产专项费用的报批）、施工计划报审、月度资金计划报审、施工工作月报、施工工作周报、工程建设协调会汇报材料、资质报验单、单位工程划分报审、图纸会审记录。

前面讲到的停工索赔的案例、海堤项目结算审计的案例从正、反两方面都说明了资料，特别是原始资料的重要性。一个因为没有机械设备进退场记录，发包人因证据不全拒绝索赔；一个是测量记录完整、签字完善，使审计无功而返。

这些案例都是我在做一个承包商总部合约部经理的时候亲自经历过的。这两个项目的谈判，包括本节开始所说的在卖废品的尼龙袋子里找资料，我都亲身经历、体会过。

有这些资料，可能就会有几百万的收入；没有这些资料，成百上千万的费用可能就要不回来了。你只有亲身体会，才会有更深刻的理解和认识。

变更索赔最重要的两个方面是依据、证据。这些资料，有的是依据，有的是证据，有的既是依据又是证据，大家可以结合自己的工作经历来做一个思考。

二、发包人、监理方发送的各种资料

1. 监理业务联系单

监理发给项目部 3 份，应通过《文件处理会签表》，由项目经理签署意见、盖章，扫描成电子版，放在电脑中的共享文档里公布。

2. 会议纪要

周例会纪要、专题会议纪要、发包人协调会、月度协调会、月度会议纪要等通过用《文件处理会签表》，经项目经理批示，承办人签字后扫描，放在共享文档里公布。

3. 发包人、监理的各种发文

处理方式同会议纪要。

三、内部文件

1. 技术交底

技术员写好技术交底后，分发各班组，整理好后放资料室，先在《收文登记表》上登记，方便查看，整理好存档。

2. 技术通知单、计算书、各种内部会议纪要

同上。

四、资料存档及借阅

（1）把处理好的各种文件资料原件及时整理、归档、编目，并做好文字版的卷内目录，做到查阅方便并做好保密工作。

（2）本项目部职工查阅资料，如需将资料带离资料室，须填写《文件借阅登记表》；非本项目部职工查阅，需经相关领导同意后方可查阅，并做好登记。

（3）为了避免因文件资料发送不到位而给工作带来麻烦，各发文责任人做好自己的发文记录，并于每月的月底和资料员核对发文清单。如出现问题，好及时沟通。

（4）资料员将收到的蓝图做好图纸目录登记后交由总工处理，根据总工的要求拿去复印，并按总工要求进行发放，资料室保存蓝图。如个人需查阅蓝图，按以上第2条规定执行。如个人要求复印图纸，需提出复印计划，并报总工同意方可复印。

资料、文件规范化管理最重要的有两点：一要留有痕迹，二要形成闭合。留有痕迹大家都清楚，资料的闭合给大家解释一下：

（1）技术资料相互之间的闭合：比如，测量原始记录、分项验收资料、竣工资料、工程量计算书、月度进度报表等。这些资料之间要进行闭合，不能相互矛盾，要特别注意。

（2）技术资料和经济资料之间的闭合：变更索赔、工程价款支付都与工程量计算有直接关系，技术资料是经济资料的支撑，经济资料和技术资料要进行闭合。这方面的关系在原来的案例中也说过，就不再展开了。

五、造价工程师调动，需要做哪些工作交接？

工作交接是项目规范化管理的内容之一。承包商各项目部，或承包商总部和项目部之间人员调动频繁，如何减少或避免因人员调动而造成的损失，那么交接工作的程序、交接工作的内容就显得至关重要。

1. 工程承包合同、工程分包合同管理交接

工程承包合同：工程承包合同台账、工程承包合同订立程序、工程承包合同主要条款介绍、合同签订中的特殊情况说明等。

工程分包合同：工程分包合同台账、工程分包合同主要条款交底及主要情况说明，如何有效避免分包方的索赔等。

2. 工程分包结算交接

造价工程师调离时能办理结算的尽量办完，并把办理结算情况进行说明，并保留依据；不能及时办理结算时，要进行详细的交接说明；结算台账登记完整、齐全，结算情况依据事情紧急程度做必要说明。

3. 变更索赔、竣工结算工作的交接

（1）变更索赔档案台账、变更索赔证据台账的交接：两个台账的内容，大家可以回顾一下。承包商实行了台账管理，更容易进行交接，管理人员内部调动后，由于承包商管理体系所要求的内容和格式都是一样的，接手的人也能很快进入工作状态。

如果一个承包商每个项目部都有自己的管理体系，就很难保证每个项目部的管理水准都能够达到承包商的要求，所以不管从哪个角度来说，承包商都应该建立起一个公司的管理体系标准，而不是各项目部各行其是。

（2）招标投标文件：合同文件、招标投标阶段的图纸、补遗文件。

（3）来往文件：变更通知单，发包人、监理的发文、指令，会议纪要，台账及备忘录等。

（4）技术资料：施工图纸、变更图纸、施工方案、现场原始记录、现场照片

等均应保留完整，最好有电子版。

（5）变更索赔资料：变更索赔策划、变更索赔例会、变更索赔事项等相关会议纪要和资料，并建立台账，交接时要有文字资料。

（6）发包人已批复文件的清单、已上报未批复文件的清单、尚未上报文件的清单：依据事情紧急和重要程度做必要说明。

（7）项目所在地信息资料交接：主要包括工料机价格信息、分包商信息、材料供应商信息、机械设备商信息等。

4. 日常工作内容交接

（1）工程计量支付款。

（2）计划统计报表。

（3）项目责任预算。

（4）项目成本预算。

5. 对监理、发包人的工作交接

（1）发包人、监理计量的工作流程。

（2）计量过程的资料、电子文件、计量台账。

（3）发包人、监理的联系方式。

6. 各职能部门的交接职责

（1）工程技术情况交接：由项目部总工组织，相关技术员讲解，并负责把施工方案、施工技术资料的电子版交给新来的造价工程师。

（2）工程生产管理的交接：由项目部副经理负责组织，物资、机务、财务等职能部门参加，对生产管理情况进行交接。

7. 工作交接的要求

（1）项目部的造价工程师做好日常工作资料的整理，所有台账资料要及时更新。

（2）交接内容根据事情紧急程度列出，如未办理完的事项、需要紧急处理的事项、需要沟通协调后待处理的工作流程等。

（3）以上内容尽量提供书面文件和电子文件。

（4）承包商总部的业务主管部门负责牵头交接工作。

上面说的是造价工程师和商务经理调动时的工作内容交接。只要承包商建立了标准化、规范化的管理制度，并在项目管理过程中行之有效，调动的人员按制度、标准、程序来做好交接就可以，一般不会出现太多的问题。

对一个项目而言，项目完工但竣工结算没有办理完成，项目主要管理人员调动，这对变更索赔的确认、竣工结算办理的质量和进展影响还是很大的。

这主要是一个职责和考核的问题。特别是项目完工但竣工结算没有办理完，竣工结算办理完但工程款没有收完，对于项目主要管理人员的调动，笔者建议：能不动尽量先不动；若必动，责任必须在、考核必须在。

【总结】变更索赔“38 字”法则

合同：合同是灵魂

政策：政策是支撑

证据：没有证据是无源之水

程序：要按程序办事

专业：专业人做专业的事

技术：没有基础，高楼岌岌可危

规范：规范化的工作方式

制度：没有规矩不成方圆

系统：不是一个人能完成的

前移：始于投标阶段或更早

策划：凡事预则立不预则废

分工：各司其职，不打乱仗

考核：激发人的主动性和积极性

认识：认识是第一位的

过程：过程是蜜月期

时机：时机不可错过

沟通：沟通好了，事半功倍

经验：经验值千金，但不要固守

坚持：有底线，锲而不舍

最后再和大家分享三点：

（1）变更索赔是项目管理的一部分，项目管理水平到位，变更索赔工作也会有成效；

（2）从业务专家到管理者的进阶，是工程人、造价工程师必须要跨越的一步，希望本书能给你启发；

（3）不管你是甲方还是乙方，都需要培养我们的契约精神，客观、公正、公平，遵守职业操守，才会使我们的工程管理更加规范化、市场化、透明化，进而在国际市场上更加彰显我们的工程管理水平。

第四部分
企业内部定额和项目成本管理

随着施工企业规模的不断扩大，每个企业在发展的过程上也在不断地思考着深层次的管理问题。如何使企业的管理水平与快速增长的规模相适应？如何在产业结构调整中寻找到新的利润增长点？如何摒弃粗放的管理模式？如何提升项目的盈利能力？这些都是新时代下施工企业在规模快速增长和企业变革过程中应该深入思考的问题。

我们来看一下项目成本管理中的一些现象：

（1）项目成本管理的效果80%来自管理因素；

（2）20%的分项应该是成本管理的重点；

（3）至少80%的人都应该参与成本管理；

（4）项目成本管理失败80%的原因在于：项目团队选择失误、没有前期策划、没有责任分工、没有考核、执行力严重不足；

（5）在工程进度进行到80%时，如果项目成本出现亏损，基本无回天之力；

（6）在项目成本管理失败的案例中，20%的情况源于投标阶段对项目风险评估不到位造成的错误判断，甚至出现漏项等低级错误；

（7）项目成本管理的现状是：只有20%的项目在真正执行公司的统一动作，其余80%的项目都在按各自的管理习惯、特点来管理项目；

（8）80%公司层面的项目成本管理都是在走程序；

（9）成本考核中，只有20%的项目可以实现赢利分成；

（10）项目成本亏损时，80%及以上情况下，都会在投标和项目实施的责任上相互推诿。

项目成本管理、项目赢利能力的提升越来越受到企业管理者的关注，但有的施工企业在发展的过程中，项目成本管理没有成熟的管理体系，原来的管理思路和管理模式成为项目成本管理的瓶颈。加之，近几年项目成本要素一直攀升，外部市场竞争压力一直存在，所以项目成本管理显得越来越重要。

第九章 企业内部定额管理

建筑工程定额是建筑产品生产中需消耗的人工、机械与资金的数量规定，是在正常的施工条件下，为完成一定数量的建筑产品所规定的消耗标准。建筑工程定额反映了在一定的社会生产力条件下建筑行业的生产与管理水平。

在我国，建筑工程定额有生产性和计价性定额两大类。典型的生产性定额是施工定额，典型的计价性定额是预算定额。

根据编制主体的不同，定额可分为两大类：国家统一的行业定额和各企业的内部定额。

按成本计算法编制成本最大的重点和难点是施工企业内部定额数据库的缺失及不完善，项目成本编制缺乏企业真实数据的支持。

企业内部定额是相对行业定额来说的，行业定额反映的是社会平均水平，企业内部定额反映的是本企业的真实成本水平。

住房和城乡建设部办公厅发布《关于印发工程造价改革工作方案的通知》（建办标〔2020〕38号），决定在全国房地产开发项目，以及北京市、浙江省、湖北省、广东省、广西壮族自治区有条件的国有资金投资的房屋建筑、市政公用工程项目进行工程造价改革试点。

其中，改革工作方案提出：加快转变政府职能，优化概算定额、估算指标编制发布和动态管理，取消最高投标限价按定额计价的规定，逐步停止发布预算定额。

企业内部定额的建立将被正式提上建筑企业的工作日程，在过渡期这段时间，正好为我们的建筑企业收集内部经济数据、建立完善企业内部定额提供了时间。

第一节　施工组织设计和企业内部定额的关系

原来，项目投标是在地方或行业定额的基础上降系数，那时候竞争相对没有现在这么激烈，按行业定额下浮也不是太多，能够满足成本的支出，就是赚多赚少的问题。后来，随着市场竞争愈演愈烈，地方或行业定额基本上“淡出江湖”，只作为建设单位计算工程投资的依据。

建筑市场已经是完全竞争的市场，承包商在投标的过程中，开始根据成本法进行成本测算，根据施工组织设计的工、料、机配置和各要素的价格计算项目的直接费，再加上项目的管理费、企业间接费、税金、风险和预期的利润，得出投标的报价，再根据竞争对手的情况、发包人的评标办法等，最终来确定对外投标的价格。

但施工组织设计确定的机械类型、人机效率带有一定的随意性和人为因素，不同的项目部、不同的人做出的人机配置数量是不一样的，成本也就不同，所以施工组织设计中人机配置的合理性没有一个标准来衡量，只能代表一个项目部或者一个人的水平，不能代表承包商的真实水平，所以完善、科学的企业内部定额就是这个标准。

对成熟、常规的项目，施工组织设计所确定的人员、机械配置在理论上来说，与企业内部定额的数据不会有太大的偏离。如果存在较大偏离，说明施工组织设计可能存在不合理的地方。

项目中标后，公司要编制责任成本，作为项目成本控制和考核的指标。编制责任成本时，企业内部定额确定的成本控制标准应该是硬性指标，项目的施工组织和成本控制都是以这个硬性指标为纲领的。如果因客观条件发生重大变化，对责任成本的调整需要严格执行公司审批程序。

有的公司要求成本部门以实事求是的原则编制、确定责任成本，实事求是并非不对，但如果责任成本完全依据项目实际情况编制，那项目成本控制的意义何在？公司制定的标准可以调整，但只要制定执行了，就不应随意更改。

说一个例子，一家企业根据不同工程类别、不同规模等情况，建立了项目管理人员配置标准（企业内部定额的一部分）。这个配置标准总结了这家企业多年的项目管理数据，标准比较科学、合理。

这家企业中标了某市政项目，根据企业内部定额中项目管理人员的配置标准，需要管理人员 35 名，但项目计划配置 50 名管理人员，是按公司的控制标准执行还是要实事求是呢？大家可以思考一下这个问题。

第二节　企业内部定额的工作要求和原则

承包商总部和项目主要领导要重视，企业内部定额的数据收集和标准的建立，需要付出大量的时间和精力。要作为一项单独的工作来认真对待，如果作为一个附属工作来做，很多的时候会半途而废。

承包商内部定额的建立和完善需要广泛收集项目基本数据，并进行甄别、分析和总结，可以借鉴地方或行业定额编制的思路，内部定额宜分层次逐步建立，以满足成本控制为目的，并逐步进行完善和细化。

内部定额标准既要体现本企业现阶段的管理水平（项目真实成本），也要参考其他同行业企业的管理水平（投标竞争）。有的企业成本居高不下，就要通过对标学习，通过变革把成本降下来。

内部定额要实现标准化、简易化、信息化，让管理人员都能够使用。企业内部定额的建立和完善需要做大量的资料收集、调研工作，要有专业的工作方法，要经得起实践的检验，能为项目成本考核和控制提供依据。

一、企业内部定额建立的 4 阶段

1. 广泛数据收集阶段

2. 数据甄别分析阶段

3. 内部标准建立阶段

4. 内部定额使用阶段

二、企业内部定额建立的 6 个原则

1. 广泛参与的原则

企业内部定额的建立需要各专业人员的共同参与，需要不同阶段、不同类型项目的原始数据，需要企业和项目一把手的强有力的支持。

2. 平均先进的原则

企业内部定额应以企业平均先进水平为基准，使多数项目通过努力能够达到或者超过企业的平均先进水平，以保持定额的先进性和可行性。同时，企业内部定额的标准既要考虑本企业的实际情况，又要和行业内的企业进行对标，独立而不孤立，来源于项目又不要拘泥于项目，要起到管理提升的目的。

3. 合理分类的原则

4. 简明、适用的原则

所谓简明、适用，就是定额的内容和形式便于定额的贯彻与执行。简明、适用要符合企业的管理特点和项目组织模式；同时，又要简单明了，容易掌握，便于查阅、计算。

5. 逐步完善的原则

6. 动态调整的原则

三、管理人员定员的例子

项目管理人员的配置和每个施工企业的管理模式、管理特点、管理效率、管理人员能力等因素直接相关，管理人员的配置标准是企业内部定额的一个重要组成部分。

根据项目重要性、项目类型、工程规模、施工工期、施工环境、合同条件等的不同，制定项目管理人员数量配置标准（表 9-1）。

项目管理人员配置标准　　表9-1

项目类别	具体项目	单位	项目规模（亿元人民币）				
			$C\le 5$	$5<C\le 10$	$10<C\le 15$	$15<C\le 20$	$C>20$
项目类别 1	公路工程						
桥隧比例（A）	$A\le 30\%$	人					
	$30\%<A\le 50\%$	人	30	50	75	90	100 以上
	$50\%<A\le 85\%$	人					
	$A>85\%$	人					
……	……						
项目类别 2	铁路工程	人					
……	……						
项目类别 3	市政工程	人					
……	……						

比如说，某企业中标一个大型的高速公路项目，桥隧比例为45%，合同额4.5亿元，根据上表，项目需配置管理人员30人左右。

管理人员配置的标准建立必须与项目实践相结合，从项目管理中来，又不拘泥于现实的项目管理。项目管理人员配置标准如何建立，有以下几个方面的建议：

1. 广泛收集在建项目数据

这是建立项目管理人员配置标准的第一步，要广泛收集在建项目的真实数据，因为在建项目的数据反映了你所在企业的真实管理水平。这个过程需要做大量的工作，需要去在建项目进行详细的调研，对完工的项目要查阅大量的资料，需要和当时的项目管理人员进行详细的咨询和座谈。

2. 做好数据的整理、分类

把收集的数据进行整理，形成一个大的数据库，根据项目的主要特征进行分类。如果你所在的企业从事的项目比较单一，比如主要从事房建项目的一个施工企业，分类相对来说就比较简单一些。如果企业施工的项目类别比较多，那就先按专业分大类，再对大类进行细分。

表9–1中，发包人要从事公路、房建、市政项目，先按三个专业进行分类，分别是项目类别1、项目类别2、项目类别3，对项目类别1（公路工程）再进行细分。表9–1是按桥隧比例、项目规模进行的细分，同时也可以根据线路长度、工期、项目规模进行细分。

如何做出比较合理的细分标准，需要根据所在企业从事项目的特点来合理确定。

3. 考虑项目管理模式

你所在的企业，项目是自行施工还是分包实施，管理模式的不同，配置的管理人数数量肯定是不同的。所以在做分类时要统一一个前提，表9–1是按自行组织施工进行配置的。如果项目采取分包或者部分分包实施的情况下，在细分特征上要加入分包比例的因子。

4. 剔除项目中的特殊因素

有些项目存在抢工期、出现了质量事故，或者发包人对质量、安全、文明施工有着特殊的要求。对这些项目收集的数据要甄别，如果要使用这些项目的数据作为参考，则要剔除特殊因素的影响。

5. 考虑管理人员的来源

项目管理人员是自己企业的职工还是外聘人员，人工费成本是不同的。所以，配置标准不但要考虑总数量，还要根据公司的实际情况，合理确定自有职工和外聘人员的比例。

6. 项目领导指数

项目领导包括项目经理、书记、总工、副经理、商务经理等。项目领导的工资收入和一般管理人员差别是比较大的，要根据项目特点、管理模式等因素，合理确定项目领导的指数。项目领导配置人数应是管理人员配置标准的一个重要组成部分。

7. 标准的制定要对现状有提升的作用

在收集数据过程中，不但要收集自己企业的真实数据，而且要和同类型的企业进行对标。在项目管理人员数量、领导指数、外聘人员比例上要进行优化，从而以制定的项目管理人员标准去提升和促进项目的管理效率。

项目管理人员配置标准是企业内部定额的重要组成部分，应能真实地反映企业的管理水平，但又要通过标准的建立促进项目管理水平的提升，这才是建立企业内部定额的意义所在。

第三节　企业内部定额基础数据的收集

我刚开始工作的时候，公司预算部门（那时还不叫成本部或者合约部）一个领导给我们讲述他在施工现场学东西的故事。

那时候，他是预算部门的一个主办，总主动到项目上去，记录每个工序的施工时间、资源配置等。一年半的时间，他经历了整个项目的全过程，整整记录了五大本数据，在他后来的工作中，这些积累的资源成了宝贵的财富。

他后来参与了水利行业定额的编制。在那个年代，能够参与定额编制，在国内都是顶尖的行业专家，他说自己靠的就是那一年半的现场积累。

其实，那时候还没有什么企业内部定额，但他所积累的这些数据不但是他自己的财富，也是那个阶段这家企业的财富。

一、基础数据收集的范围和项目

近三年实施的典型项目包括已完工项目和在建项目。一个是收集完工项目的经验数据；二是对在建项目进行实测。

二、基础数据收集的方式

（1）以施工过程中真实投入为依据，按分部分项工程数量、资源投入数量和市场价格（或者内部核算价格）、施工周期进行总成本的测算，根据总成本反算分部分项工程的内部定额单价。

（2）以分包价格为基础，分析分包项目的工、料、机组成。

（3）以现场实测、观察为基础，得出工、料、机的实际消耗。

（4）以实践经验为基础，编制工、料、机的消耗。

三、企业内部定额建立的30个步骤

1. 成立组织架构，配备专业人员

2. 制定数据收集的细则和分工表

3. 项目部按要求如实上报数据

4. 查阅、摘录已完工项目的数据

5. 在建项目数据的实际测算

6. 在建项目的调研、座谈

7. 甄别和分析收集到的数据

8. 按专业确定内部定额的大类（如房建、市政、公路等）

9. 按各大类确定企业内部定额的主要子目和工作内容

10. 确定主要子目通常的施工组织模式（劳务分包、专业分包还是自行组织施工）

11. 确定劳务分包、专业分包的工作内容

12. 根据本企业适用的组织模式，确定主要子目的费用标准或工效标准

13. 确定正式员工和外聘员工的工资标准

14. 建立材料价格数据库（需要动态更新）

15. 建立机械设备购置数据库（需要动态更新）

16. 建立机械设备租赁数据库（需要动态更新）

17. 建立劳务分包、专业分包数据库（需要动态更新）

18. 确定主要子目的材料损耗系数

19. 确定复合材料（混凝土、砂浆、沥青混凝土、混合料、复合桩基等）的配合比或含量标准

20. 确定主要机械费的计算标准：折旧原则、修理费标准、定员标准、耗能标准

21. 确定其他直接费项目和费用计算标准

22. 确定临时设施项目和费用计算标准

23. 确定措施项目和费用计算标准

24. 确定管理人员和班子指数标准

25. 确定管理费计算标准（管理费、办公费、差旅费等）

26. 确定税金的计算标准

27. 确定规费的计算标准

28. 形成企业内部定额的使用说明

29. 形成主要子目的估价表或单价分析表（需要逐渐完善）

30. 形成其他直接费、措施费、管理费的取费表

第四节　企业内部定额编制案例

建立完善的企业内部定额，对企业提高投标竞争力，推行工程项目成本责任制，提高企业的经济效益，具有重要的现实意义。下面结合某地下连续墙围护结构的项目实例，对企业内部定额编制的方法和思路与大家进行分享。

一、以定额为基础的编制方法（单价分析表 9-2）

这种方法就是以行业预算定额为基础，在预算定额的基础上，根据以往类似工程施工经验数据，结合本工程项目的实际情况，对预算定额中与实际施工中不匹配的机械设备进行替换，并对定额中的数量进行调整，作为内部定额初稿；然后，在

施工过程中收集整理基础数据资料，根据实际的施工情况进行记录、测算、分析，剔除不合理的因素影响，不断地对内部定额初稿进行调整、修订。

以本项目地下连续墙混凝土为例：每段地下连续墙的设计标准尺寸为 4.8m × 1.1m × 30.4m，设计混凝土数量为 160.51m^3，统计了 140 幅地下连续墙的施工记录，总结出一段地下连续墙混凝土的经验数据：

1. 损耗系数

在预算定额中，混凝土施工的损耗系数为 1.2，泥浆的系数为 1.68；在实际施工时根据测算得出的数据为：混凝土的损耗系数为 1.07，泥浆的系数为 1.5。

2. 主要材料单价

地下连续墙混凝土分项的主要材料为混凝土和护壁泥浆（钢筋不在此分项内），混凝土为商品混凝土，混凝土单价为 311 元 /m^3，泥浆 40 元 /m^3。

3. 机械台班及单价

地下连续墙混凝土分项主要的机械设备包括：液压抓斗、吊车、装载机、发电机等。

以液压抓斗为例：液压抓斗为自有设备，液压抓斗每月固定摊销费 25 万元，平均每月耗油 7500L，操作人员 3 人，平均每人每月工资 5000 元，每月按照 30d 计算，液压抓斗使用 8h 为一个台班，液压抓斗的台班单价为:（250000 元 +7500L × 7 元 /L+ 5000 元 / 人 ×3 人）/30d = 10583 元 /d。

自有机械设备按财务折旧、实际定额、实际油耗、人工工资、燃油单价等核算台班单价；租赁机械台班按租赁台班单价或月租折算成台班单价。

4. 成本单价标准

用合计金额 116731 元除以混凝土的数量 160.51m^3，得出单价为 727.25 元 /m^3。

二、以货币化为基础的编制方法（单价分析表 9-3）

1. 分包价格

地下连续墙混凝土施工分包价格为 395 元 /m^3，分包内容包括：地下连续墙成槽、泥渣外运、接头管安放、钢筋笼安放（不含制作）、泥浆制作、浇筑混凝土。混凝土由承包商项目部提供。

单价分析表 表9-2

工程名称：混凝土地下连续墙C30 单位：每段160.51m³

序号	项目名称	单位	数量	单价（元）	合价（元）
一	人工				15200
1	人工	工日	190.00	80.00	15200.00
二	材料				63045
1	商品混凝土 C30	m³	171.75	311.00	53413.58
2	护壁泥浆	m³	240.77	40.00	9630.6
三	机械				38486
1	液压抓斗	台班	3.00	10583.33	31750.00
2	泥浆制作循环设备	台班	1.00	335.91	335.91
3	泥浆泵　直径≤ 50mm	台班	3.00	72.31	216.93
4	锁口管顶升机	台班	1.00	200.04	200.04
5	清底置换设备	台班	0.50	827.33	413.67
6	轮胎式装载机　斗容≤ 2m³	台班	2.00	1118.06	2236.12
7	150t 吊车	台班	0.50	6666.67	3333.33
	合计	元			116731
	单价（元 /m³）				727.25

2. 混凝土损耗系数的确定

混凝土损耗系数按实测统计的损耗系数确定。

实际工作中，若分包商使用量超出（设计量 + 损耗量），超出部分由分包商负责；若分包商使用量低于（设计量 + 损耗量），节省数量一般由承包商和分包商分成。

3. 机械费

除了液压抓斗包含在分包价格中，本分项还需要使用大型吊车（250t、150t）、装载机、发电机、交通车等。这些机械设备在各分项工程中穿插使用，需要按每个分项的使用时间或工作量进行分摊，以便准确计算出每个分项的成本单价。

经数据统计和测算，地下连续墙分项按机械设备总使用费的 30% 摊入，折合 20 元 /m³。

4. 成本单价标准

用合计金额 119824 元除以混凝土的数量 160.51m³，得出每方单价 746.52 元 /m³。

单价分析表　　表9-3

工程名称：混凝土地下连续墙C30　单位：每段160.51m³

序号	项目	单位	数量	单价（元）	合价（元）	备注
1	分包费用	方	160.51	395.00	63200	
2	C30混凝土	方	171.75	311.00	53414	
3	机械费（除液压抓斗等成槽机械）	方	160.51	20.00	3210	
	合计				119824	
	单价（元/m³）		160.51		746.52	

三、管理费

根据本项目的正式职工工资、临时职工工资、差旅费、办公费、通信费、水电费、招待费等统计出管理费的合计，再计算管理费合计金额占整个工程成本的比例，得出管理费的实际费率。

在编制企业内部定额的时候，管理费单独分类。管理费是间接费的一部分，不宜分摊到各分项中。

四、措施费、临时设施费、临时工程费

此类费用在编制企业内部定额的时候，数据也需单独统计，形成内部定额标准的时候需单独分类，也不宜分摊到各分项中。

以上的讲解和案例只能为大家开启一个思路。对一个施工企业来说，企业内部定额的建立任重道远，需要企业一把手的决心，需要专业人员和项目管理人员的广泛参与，需要长时间锲而不舍的坚持。而且，还要找到方法、找到模式，如何进行分类，如何确定标准，如何正确使用，如何达到管理的需要，如何去促进、提升项目管理的水平，都需要我们继续在项目实践和管理中去探索、去创新。

第十章
项目成本编制的三个阶段

笔者真正从事成本管理工作是在2006年，之后到一个水利项目上去做商务经理。那时，企业还没有建立成熟的成本管理方面的制度，也缺少成本数据的积累。面对着和分包队伍谈判，要判断分包队伍报价的合理性，就让分包队伍提供很细致的工、料、机组成和各种价格要素。再通过几家分包队伍的对比，并和项目上有经验的生产经理、技术总工、材料员等一起，对分包队伍的投入和单价进行分析和审查。通过这么一个过程，对项目成本编制有了一个比较清晰的思路。这也是告诉我们开始接触成本的造价人员关于学会项目成本测算的一个思路。

那时候，我们那个项目还兼顾一些投标的工作。投标就要测算投标项目的成本，以便进行报价决策。记得有一个项目的投标，材料费用是用定额软件导出来的，其他的都是通过社会资源的询价，包括PHC管桩、钢板桩、商品混凝土等的材料单价和施工费用都是通过当地的询价来完成的。项目中标后，也是按照投标时的策划来完成的项目。这是给我们的造价人提供的第二个思路，投标阶段的项目成本测算要充分利用社会资源。

第一节 概（预）算降系数阶段

一、这个阶段的四个特点

2000年以前，这个阶段有四个特点：

（1）工程主要由承包商自行组织，很少借助分包商来完成；

（2）这一阶段承包商项目少，工程内容单一；

（3）行业或地方概（预）算定额基本上与当时的施工组织、施工机械相适应；

（4）承包商基本上没有企业内部定额。

二、成本编制的方法

这个阶段，承包商根据行业或地方概预算定额编制报价，和发包人以概预算进行谈价，项目成本在概预算基础上降一定的系数来确定。由于这个阶段承包商的项目比较单一，概预算造价和项目成本之间的空间，也就是降低率相对还是比较准确。

这种成本编制的方法，对承包商传统的一些项目还有一定的适用性，对经验丰富的造价工程师、项目经理，知道了概预算的直接费，这个项目的成本心中也有数了。

在平时工作中，要多注意总结数据，对概预算造价和项目成本多进行比较、分析，剔除一些非正常因素，时间长了，经历的项目多了，你也会成为很“牛”的专家。

三、《中华人民共和国招标投标法》颁布

1999 年 8 月 30 日，《中华人民共和国招标投标法》颁布。

招标投标制度是市场经济的产物，并随着市场经济的发展而逐步推广，必然遵循市场经济活动的基本原则。

《中华人民共和国招标投标法》依据国际惯例的普遍规定，在《总则》第 5 条明确规定：“招标投标活动应当遵循公开、公平、公正和诚实信用的原则。”《中华人民共和国招标投标法》通篇以及相关法律规范都充分体现了这些原则。

第二节　过渡阶段

一、这个阶段的特点

过渡阶段是从 2000 年到 2003 年、2004 年的时间：

（1）《中华人民共和国招标投标法》在 1999 年 8 月 30 日颁布，2000 年 1 月 1 日正式实施，承包商开始以招标投标的方式承揽工程项目，这个变化是根本性的变化，以投标竞争的方式来与发包人确定合同价格，不再是原来套定额的方式；

（2）这个阶段，施工工艺、施工机械能力与行业或地方概（预）算定额的内容发生了很大的变化，行业或地方概（预）算定额，特别是一些行业定额，比如公路、水利等定额，没有得到及时的更新和完善；

（3）承包商企业内部定额没有建立，没有人能够静下心来去研究、去整理内部的定额数据，整天忙于项目的投标。

二、项目成本编制状态

这个阶段，根据新工艺、新材料、新机械等，承包商企业编制了很多补充定额。补充定额想得到发包人的认可，必须到行业或地方定额站去审批。通过这种方式承包商积累了一些数据，也为行业或地方定额站更新定额版本提供了一些依据。

第三节　成本计算法阶段

2005年以后，建筑市场竞争越来越激烈，项目成本在投标中变得越来越重要，承包商企业和项目部逐渐积累数据，摸索项目投标成本编制的思路和方法，为投标竞争提供基础数据。

在这个阶段，很多承包商成立了专门的成本部门，成本部门是投标成本测算、中标后责任预算编制下达、成本过程管理、变更索赔管理、企业内部定额标准建立的业务主管部门。成本部门配备有项目管理经验的人员，弥补了原来造价人员只懂预算、不懂成本的短板。

一般项目成本计算有3种方法：企业内部定额法、主材+分包的方法、工料机成本计算法。这三种方法主要适用于以下的情况。

企业内部定额法，主要针对适合承包商自身的常规项目，对常规的项目承包商有足够的经验，企业内部定额基本都能够涵盖，企业内部定额法计算出的成本相对准确，并可以指导项目来进行资源的配置和过程中的成本控制。

主材+分包的方法，主要分两种情况：一是常规项目按分包组织施工，项目成本计算遵循实际施工组织模式；二是项目中有部分专业性较强的分项，需要专业分包来实施，这时候项目成本计算适合企业内部定额计算方法和主材+分包的方法相结合使用。

工料机成本计算法，这种计算方法适用于没有适用的、成熟的企业内部定额而需要自己组织实施的项目，需要进行工、料、机的配置，根据配置来计算项目成本。

下面结合案例为大家详细介绍一下项目成本计算的这 3 种方法。

一、企业内部定额法

管理规范的承包商都有了自己的企业内部定额，企业内部定额是承包商根据自己多年经验总结出来的，反映本企业的真实成本水平。

举个市政项目中的例子，来解释一下应该如何计算混凝土柱的成本单价。在表 10-1 中，数量一栏的数据来源于企业内部定额，单价一栏的数据是根据内部定额数据库或市场询价确定的。

项目名称：混凝土柱　　内部定额编号：500325　　单位：$10m^3$　　表10-1

序号	名称	计量单位	数量	单价（元）	合价（元）
	直接费				4543.05
1	人工费	工日	3.00	150.00	450.00
2	材料费				3883.05
2.1	商品混凝土 C30	m^3	10.30	344.36	3546.91
2.2	定型组合钢模	kg	40.00	6.50	260.00
2.3	其他材料	%	2.00		76.14
3	机械使用费				210.00
3.1	履带式起重机 15t	台班	0.20	1000.00	200.00
3.2	其他机械	%	5.00	2.00	10.00

企业内部定额法计算成本单价和行业定额或省市定额计算概（预）算单价的方法是一样的，两者不同之处在于数据标准不同。企业内部定额所有数据是承包商根据多年经验总结而成，反映的是本企业的管理水平。

二、主材 + 分包法

现在很多工程项目都是通过劳务分包或者专业分包来完成，主材 + 分包法比较符合实际情况，应用得也较多。

还以上文的混凝土柱为例，分包内容：除混凝土由总包商负责外，其余都由分包商来完成，成本单价 = 混凝土材料费 + 分包单价。

通过分包商询价，分包单价在105元/m³左右，所以成本单价为355+105=460元。

这种方法计算比按企业内部定额法计算单价要稍微高一些，这是因为分包商承担了部分分包项目的技术管理和风险责任，所以，总包商在间接费里可以节省一部分费用。

三、工料机成本计算法

工料机成本计算法以工程量、工期、效率等实际配置人工和机械设备为计算依据，这种方法比较切合实际，但资源配置的合理性受制于个人经验，因而带有较强的个人色彩。工料机成本计算法应与企业内部定额法相互校核，这样可避免出现较大的差异。

还是以混凝土柱为例，混凝土柱的工程量为2000m³，工期为一个月，根据工效计算需要配置3个技工和8个力工、一台15t履带式起重机、模板配置一套、小型机具若干，分项总成本和单价成本计算见表10–2。

成本计算　　表10–2

序号	名称	人数/设备数量	单位	数量	单价（元）	合价（元）
	直接费					921132
1	人工费					84000
1.1	技工	3	月	2	6000	36000
1.2	力工	8	月	2	3000	48000
2	材料费					773132
2.1	商品混凝土C30		m³	2060	344.36	709382
2.2	定型组合钢模		t	7.50	6500	48750
2.3	其他材料					15000
3	机械使用费					64000
3.1	履带式起重机15t	1	月	2.00	22000	44000
3.2	其他机械					20000
	工程数量		m³			2000
	每立方米成本		元/m³			460.57

上表计算的机械费要高一些，考虑履带式起重机可以穿插做一些别的项目，都摊在这一个分项不太合理。如果机械费按 80% 摊在混凝土柱的分项上，计算出的成本单价为 456.17 元 /m^3。

常规的施工项目，以上三种方法计算出的成本单价应该基本一致。在一个项目上分包和自行组织都会存在，这几种方式可以综合应用、相互校对，便于计算出准确的项目成本。

间接费用同样可以按企业内部定额的标准数据进行计算，也可以按实际施工组织设计确定的标准计算，但应该不会有太大的偏离。

项目成本计算的方法主要有以上三种，但影响项目成本的因素其实很多。除了掌握方法以外，项目管理者还要多积累项目管理经验和掌握足够多的外部资源。

第十一章
项目成本管理体系

施工企业（承包商）在成本管理上没有健全的成本管理制度、管理标准、考核制度、激励措施等，致使项目管理目标不明确，很难调动项目管理人员在项目管理，特别在项目成本管理上的积极性和主动性，有时候在管理导向上又存在偏颇，只注重项目实施，不关心项目的成本和效益，只注重过程管理，不关心项目的前期策划。所以，施工企业成本管理体系的建立成为当务之急。

第一节 项目成本管理概要

一、熟悉掌握项目成本编制的方法

项目成本编制有三种方法：企业内部定额法、主材 + 分包计算法、施工组织设计配置法。这三种方法在实际过程中根据项目实际组织模式，综合来使用。

二、项目成本策划和管控的关键

项目成本策划不是数据简单的组合，而是要通过合理的施工组织、施工方案等，结合外部条件和合同文件的要求，来选择满足合同要求的最低（或较低）成本方案。这是项目成本策划的内容。

项目实施过程中，要根据外部环境的变化，对成本控制进行动态的调控，保证项目成本目标受控。有时候，项目成本策划方案做得很好，但一到项目实施就失之千里，特别是项目管理模式、项目团队管理能力、分包商施工能力、施工计划执行的严肃性、对外部环境和项目自身变化的应对能力、对供应商的掌控能力、对质量安全的管控水平等，都是影响项目成本的关键。

项目成本策划和管控需要多年项目实践经验的积累，不是通过数字计算出来的。

三、公司层面的管理制度和内容

从承包商总部层面，如何对项目成本进行管控，不是简单下达一个责任成本数字就束之高阁了。而是要通过一系列成本管理制度来保证成本目标的实现，不是任由项目部去自由发挥。而是要明确哪些是规定动作，规定动作不可逾越；哪些是可选择的动作，可选择动作可以给项目部充分授权。

这些管理制度包括：项目前期策划、变更索赔策划、责任预算考核、项目奖罚机制、招标采购、分包限价、项目成本督导、项目管理模式、企业内部定额的建立、战略合作伙伴的培育等。

承包商总部要建立完善的成本管理体系，组建成本管理部，配备有经验的项目成本、项目管理、合同管理的专业人员。总部的成本管理体系应该至少包括以下工作内容：负责投标成本的测算；负责承包合同的谈判；负责责任预算的下达、管理、考核；负责项目成本策划；负责变更索赔策划；负责供应商的管理；负责项目成本的过程管控；负责分包限价的制定；负责企业内部定额的建立。

四、项目层面的成本管理

在项目层面上，项目部要编制目标成本，并且要对目标成本责任进行量化和分工，测算资金需求计划，定期召开成本分析会议，对分包（材料采购）合同、分包结算等进行会签。对工程计量、变更索赔要做到及时确认，制定详细的进度计划安排和资源保证措施。质量、安全体系要确保顺畅运行，掌握好施工的节奏，对关键线路进行重点管理，做好与监理、设计、发包人、地方政府的沟通和协调等工作。

1. 项目成本的过程分析

项目成本管控是项目管理过程中每月（或每季度、每年）通过对收入和成本数据的收集、归纳和分析，计算项目的盈亏，通过数据的分析，发现项目管理过程中存在的不足，进而在项目管理的下一阶段进行改进和加强。

2. 项目成本的纠偏措施

通过过程中的成本分析，找出成本偏离的原因，有针对性地制定成本纠偏措施。项目施工过程中，内外部条件都会发生变化，制定的成本策划方案也不是一成不变的，不怕出现偏差，就怕掩盖偏差，导致更大的不确定性和不可控性。项目经理一般不愿意暴露问题，这样可能会导致更加严重的结果，最后想弥补都回天无力，所以要在过程中及时发现问题，及时纠偏。

五、变更索赔和竣工结算

变更索赔是项目成本管理的重点，很多项目成本亏损都是因为没有做好变更索赔工作。画了一张大饼，但很多都要不回来。竣工结算要及时办理，工程尾款、保函都是在办理完成竣工结算时才可以付款和发放的。

工程项目内容繁多又复杂多变，但项目管理需要遵循一定的招式。项目成本管理其实是整个项目管理水平的综合体现。项目上如果能够严格遵循公司制定的规定动作，项目过程中能够做到不抢工、不窝工、不返工，项目成本控制目标基本不会有太大的偏差。

第二节　某市政项目成本管理案例

一、工程概况

某市政项目合同额约 15 亿元，合同工期 365 天，工作内容包括箱涵 12km，明渠 35km，管线 18km，人行桥 16 座，大坝 2 座等，土方开挖约 520 万 m^3，混凝土约 40 万 m^3，钢筋制安约 5.2 万 t。

二、项目成本管理总结

1. 缺乏类似大型项目的管理经验和劳务队伍

本项目合同金额大，线路长，施工期短，工作面多，需要大量机械设备和管理、劳务作业人员投入，物资采购集中，资金需求量大。

项目共投入 140 名管理人员，施工高峰期 12 个协作队伍施工，劳务人员约

2800人。

从项目特点和劳动组织来看，项目组织管理难度大，而项目部缺乏实施类似大型工程的管理经验，管理人员来自不同的项目部，有各自的文化，缺少可以信赖的分包协作队伍和带班工长，分包协作队伍多数没有合作基础，能力参差不齐，很难快速融入，效率低下。

2. 不利的外部条件

本项目一多半工程量在市区施工，施工干扰影响大，对原有管线拆除需要协调的部门多，手续繁杂且不受控，外部环境的干扰是本项目工期严重滞后的主要原因之一。

3. 成本核算制度

项目部虽然建立了成本预控计划，明确了自建石场和混凝土搅拌站、材料采购、工程分包价格、自招外籍工、土石方设备的配置与使用效率、土石方工艺优化、材料（钢筋、混凝土）损耗作为成本控制重点，并且明确了相关责任人，但在执行过程中存在着诸多问题。

每月成本分析只是简单的汇总金额，最明显的是材料没有量、价的分解，分析不出深层次的原因，不能有效指导下一步的成本控制。

成本核算程序不完善，成本统计不准确，存在较多、较大的成本漏项，没有建立起成本监控及预警机制。

4. 前期进度滞后

由于各类批复、施工安排、管理和技术人员需要量大、劳动组织速度和能力、材料供应、工作面展开、人员调遣等主客观因素，截止项目中期的时候施工计划落后30%。

为了保证工期，项目部制定了各种抢工期的措施，加大了人、财、机、物各方面的投入。各种资源投入后，又面临管理协调、工序衔接、人员窝工、设备停滞等一系列问题，成本加大成为必然。

5. 协作队伍管理

协作队伍使用的机械设备是项目部代购、代租的，设备租赁费在结算时扣回。各协作队伍之间的机械设备不能很好地穿插使用，现场设备存在停滞、机械设备使用效率低下，导致协作队伍与项目部结算扯皮，增大了项目成本。

6. 材料损耗控制

钢筋损耗较大，工程前期未采用定尺钢筋，钢筋截断后不能再次使用到主体结构中；混凝土损耗系数过大（设计为5cm的混凝土垫层，实际有的施工到12cm，既与土方开挖标高控制有关，也与地质条件有关）；混凝土中模板摊销费用较高。

7. 现场质量验收

现场验收经常通不过，返工现象经常发生，导致现场人、机等待验收而窝工现象严重，从而整体功效下降很大。通过分析，由于功效降低导致每立方米混凝土增加成本约50元，混凝土方量约40万m^3，共增加成本2000万元。

8. 地质条件变化

现场地质条件复杂，存在大量的垃圾开挖与换填、软基开挖与换填等现象，以及岩石离高速路较近不允许爆破的情况，造成施工成本增加。

9. 设计图纸变更

按合同规定，发生图纸变更后按变更单价执行。合同中填列的变更单价高于投标单价。如果出现正变更，将对承包商有利；如若出现负变更，则会直接造成利润损失。据了解到的变更情况，大部分都是减项，减项金额达3500万元，初步测算损失达到600万元。

10. 对标书理解的歧义

对发包人的主营地建设及运营，对标书的理解与实际执行过程中发包人的理解存在偏差，实际运行费用要比投标阶段高出约700万元。

11. 项目工期延长

按合同规定，工程2017年8月31日完工，到2017年12月份还在组织收尾验收，增加了项目成本。

12. 项目资金紧张

项目在实施过程中，虽然承包商总部在资金方面给予了本项目大力支持，但项目资金一直处于异常紧张的状态，从一定程度上影响了协作队伍和劳务人员的积极性。

三、投标降价情况

为了提高项目竞争力，投标阶段成本按理想状态考虑，没有考虑太多的风险，投标价格没有抵抗风险的能力。

四、管理建议

（1）对造价金额、施工组织难度、技术难度、风险大的项目，投标阶段要高度重视，组织项目管理、技术、经济专家进行详细评审，评估各类风险，做好施工组织设计的编制、审查和报价的编制、决策，要充分考虑施工过程中的风险。

（2）真正做好项目的前期策划，着重从项目团队选择、劳动组织、船机安排、施工方案、进度计划、商务策划、成本计划、外部条件评估等方面认真研究，细致考虑。并且要有预案应对过程中的变化，只有项目按计划顺利实施，成本才能够达到可控。

（3）建立成本目标方案，在过程中严格执行，成本核算制度要完善，不能只有形式，要真正起到成本预警和指导下步成本控制的作用。

（4）项目经理的选择至关重要。项目经理要有丰富的项目管理经验，较强的策划能力和组织能力。另外，类似这样的大型项目应配置商务经理，协助项目经理做好成本管理和商务管理工作。

第十二章 施工企业总部成本管理体系

第一节 项目前期策划

施工企业（承包商）总部往往关注于项目实施过程中的控制比较多一些，但由于忽视项目前期准备造成项目管理被动甚至失败的案例给承包者敲响了警钟，所以必须高度重视项目的前期策划。

施工企业（承包商）总部要开好项目前期策划会。项目前期策划包括很多内容，很多要凭借项目管理人员的经验和对工程的认识程度。策划内容有深有浅，同时也随工程的进展情况有所变化和调整。项目前期策划要借助公司内部专家的力量，集思广益，开会讨论，反复论证，把施工过程中的意外和风险降至最低。

一、确定项目组织架构

现在，很多施工企业（承包商）的项目管理人员分工太细，导致项目管理人员数量较多，费用居高不下，也不利于管理人员的成长。项目管理中还存在一个问题，项目很多通过分包完成，但现场管理人员的配置还和自行组织的配置差不多，无形中增加了项目的成本。以分包模式组织施工的，应使用成熟的分包商，尽量减少项目管理人员的数量。

很多大型施工企业（承包商）的项目管理架构看似科学、合理，比如：一个大型项目中标后，施工企业（承包商）组建项目总经理部，下属的子公司组建项目分部，一个总经理部下面设立几个项目分部，但总经理部和项目分部之间的责、权、利关系始终分不清楚，不能形成一支高效、统一的项目管理团队。

大型施工企业的项目管理架构有两种情况：一种情况是总经理部没有人权、财权，但其负责统一对外，下面的项目分部听从其子公司的指令，造成总经理部被架空，指令传递不下去，有困难总经理部也解决不了；另一种情况是总经理部有足够的权力，负责设备购置、材料采购、工程分包、项目资金等，项目分部没有任何权力，也就没有了任何积极性。这两种情况都直接影响项目的管理，多一个管理层级就会增加管理费用，同时导致管理制度和指令无法有效地执行。项目管理职责不清楚，项目管理考核不知道对谁，这造成极大的管理内耗，也严重影响项目管理团队的积极性。

项目管理团队是项目成功实施的关键。如果一个项目中间换了几任项目经理，十有八九这个项目会失败。如果项目架构和机制出了问题，成本管理失败就是必然的。所以，承包商的项目管理团队必须是一个整体，责、权、利必须统一，才能形成一支“尖兵”团队，才可以无往不胜。

二、确定主要项目管理目标

1. 进度目标

工程项目的进度管理是指为实现项目的进度目标而进行的计划、组织、指挥、协调和控制等活动。对进度计划要严格落实管理责任。

承包商对项目开工时间，设备、人员进场时间，分包队伍进场时间，关键线路，征地拆迁完成时间，发包人提供条件的时间，设计的完成时间等要进行策划和安排。

根据工期要求，各项资源何时进场必须科学安排，进场早了没活干或没有工作面，进场晚了干不完，延误工期。

很多失败的项目，一般都会有前松后紧抢工期的情况。为了节约成本，前期投入考虑得比较理想化，但随着项目的进展，一直舍不得投入，造成工期不能按节点完成。对投入一直犹豫不决，造成更大的被动，直至最后大投入、抢工期，往往适得其反，还不如一开始就多点资源投入，不至于产生最后的大投入。

【例12-1】

某铁路项目有两个隧道，一个1800m，另一个800m。1800m的隧道考虑进口和出口同时施工，800m的隧道考虑进口一个口施工，这个小隧道是运梁通道。

在项目实施过程中，1800m的隧道实施比较顺利，但800m的隧道由于地质问题，进度一直不是太理想，一直犹豫是不是再开一个口，新开一个口要增加50万的成本，就一直没有决策。等到工期过半的时候，800m隧道还有300m没有贯通，影响后续的架梁工期，从而导致整个工期完不成。这时，再开一个口已经来不及了，只好又重新建了一个梁场，增加了150万梁场建设的费用。

2. 质量目标

严格按设计图纸和施工规范组织施工，制订质量保证措施，消除质量通病，做到工程一次成型、一次合格，杜绝返工现象的发生。

3. 安全目标

当项目安全工作到位，安全生产正常运行时，项目成本就会处于受控的状况。当安全生产出现问题，导致人员伤亡、项目停工、材料使用加大、工期延误等，必然对项目的成本、利润产生极大影响。

2018年2月7日，佛山地铁透水坍塌事故，引发隧道及路面坍塌，造成11人死亡、1人失踪、8人受伤。施工单位市政一级资质降为二级，16人给予党纪政务处分和问责处理。所以，安全管理要警钟长鸣。如果发生事故，造成的损失将无法估量。

4. 成本目标

责任预算的编制和管理，将在第七节中会详细讲到，这里不再详细叙述。

三、确定项目组织模式

项目是自行组织施工还是采用分包模式？是劳务分包还是工程分包？一个标段的五个桥梁是一个桥梁一个分包，还是按专业来分包？这些项目组织模式，承包商在前期策划的时候要明确。不同的项目组织模式，项目成本管理的侧重点也完全不同。

四、审定施工组织设计

施工组织设计包括施工总体部署、平面布置、技术组织、重点难点的应对措施、施工方案、大小临建、措施项目等。

1. 关于临建的一个小故事

2009年有个项目，进场施工，开始做临建，项目部人员陆续到位，住在刚刚搭建好的板房里，板房是一期留下来拆除后重新安装的，到现场的人员除了施工准备外，任务也不是太饱满，项目经理就发动大家自己做小临的地坪、旗台、水池、车棚、宣传栏、宣传牌、绿化等，都是项目部职工亲力亲为。半个月下来，整洁、舒适的小院焕然一新，还有小花和绿树的点缀。每个办公室都有擦地的拖布，开始时在各自门口东倒西歪，项目经理让后勤人员在每个办公室门口旁边钉一个钉子，拖布挂在上面，整整齐齐，形成一道风景。

10年前的事，算是老皇历了，但是这种项目管理的精细化还是很值得推崇的。现在，动不动几百万、上千万的临建，还是要认真地思考一下。

临时工程除了满足使用功能外，安全环保、文明施工也是很重要的一方面。这两方面是一种习惯，必要的投入还是值得的。小投入可以赢得外界的认可，有利于宣传企业。

大、小临建要在项目前期策划会上确定标准。大、小临建满足功能要求即可，杜绝好大喜功、铺张浪费。

2. 主要分项的方案

编制优选施工方案，合理配置资源，实施重点控制，将价值分析方法运用到施工方案的优选上。

有一个市政项目，基坑支护的成本占到项目总成本的30%，在前期策划阶段对基坑支护的设计方案、施工方案、工期安排等进行了多方案的比选，最后选用了地下连续墙支护方案，技术成熟、成本低、工期短，对混凝土主体施工干扰最小。

一个地基处理工程，施工合同为总价承包方式，地基处理涉及的工艺有高真空击密、堆载预压。项目部根据以往施工经验和本项目的现场情况，并进行现场试验和详细的施工工期安排。在项目策划阶段，与发包人、设计方进行沟通，优化了设计施工方案，将约9万m^2堆载预压面积改为高真空击密施工工艺，节约成本近270万元，缩短1个月工期，项目前期策划效果明显。

3. 大宗地材的考虑

在铁路、公路、围海造陆等项目中，地材的工程量比较大，也存在较大的不确定性。一般石材料需求量较大时，要考虑石场自营或联合开采的方式。这样做有两个好处：

一是可控；二是可以抑制地材价格的上涨。

在粤港澳大湾区系列项目中，需要大量的海砂资源。海砂是稀缺资源，如何确定海砂的来源和方式是控制成本的关键。国内A集团与菲律宾B集团，签订战略合作协议书，就砂矿的供应、运输和储备确立合作机制，菲律宾B集团向国内A集团提供2亿m^3砂矿，保障大湾区的建设项目拥有长期稳定的砂源供应。

在投标阶段和项目前期，大宗地材要做详细的考察。必要情况下，对石场、砂场要尽快锁定，是否购买、租赁石（砂）场或者联合开发要提前进行决策，不仅影响是否能够中标，更为项目中标后快速、低成本运作提供必要的条件。

4. 冬期、雨期施工增加费

在进度安排时，原则上应尽量在天气好的时候集中力量快速开展施工，如果必须进行冬期施工和雨期施工，也应该安排适合冬期施工和雨期施工的项目。如果不按客观规律施工，质量也会出现大的问题。

5. 行车干扰费

对公路扩建项目，在保证交通通行的情况下，要做好分阶段施工方案和交通导流方案，尽量减少行车的干扰。要及时和交通管理部门沟通，做好交通导流方案的报批工作。这是需要在施工组织设计时着重考虑的。

6. 二次倒运费

对材料、物资做好筹划，尽量不发生材料二次倒运费。在公路项目施工过程中，混凝土拌合站和碎石场尽量离得近，减少碎石和成品料的综合运距，现场运输车辆尽量不空载，来回最好都能运输石料、拌合成品、回填土等，做好统筹安排。这也是需要在施工组织设计时着重考虑的。

五、确定各项资源投入

1. 机械设备购置和租赁

机械设备成本一般占总成本的20%左右，机械设备可以自己采购，也可以市场租赁。购置和租赁需要权衡考虑。

海外项目中，当地国别的机械设备租赁价格远远高于国内的租赁价格，一般一年至一年半的租赁价格就可以购买一台新的设备了。短期使用可以考虑在当地租赁。如使用期超过一年，购置就比较划算了。特别在一个市场前景很好的国别，承包商要舍得机械设备的投入。两三个项目实施以后，机械设备投入就可以赚回来。以后再有项目，会大大降低项目的成本，增强市场竞争力，形成良性发展态势。

2. 机械设备性能和价格

相同性能的机械设备由于厂家不同，生产指标不同，采购价格差得比较多。优质优价也同样适合于机械设备，一台机械设备可能相差 20 万元人民币，但价格低的机械设备在施工过程中常出现问题，导致其他设备和人员需要等待它维修好后才能工作，造成了更大的浪费。

【例12-2】

最近，笔者在南亚和一家韩国承包商有一些接触，有两个比较深的体会：第一个体会是他们的管理完全是属地化模式，项目上只配备几个商务合约能力很强的韩国人。他们的做法是这样的：把中标的项目进行切块，在当地进行分包招标，项目管理就是通过这几个韩国人和分包招标选出的几家分包商来完成；第二个体会是，有的项目他们也自营一部分，购置自营部分所需的机械设备，工程完工后机械设备在当地卖掉。有新项目后，再购置新的机械设备。

我们国内的承包商对机械设备使用的思路和韩国承包商有着很大的不同，我们的机械设备一般会尽量多地用在几个项目上。除非实在不能用了，才会考虑新购。

以一个公路项目为例，工期 24 个月，40 多台（套）土石方、路面、混凝土设备已在两个项目上使用过。根据经验数据统计，我们来对比一下新、旧设备的使用成本，看看哪种方式更划算一些。

（1）维修成本

二手设备每年发生 15% 的维修和配件更换的费用（占机械设备原值的比例），新设备每年只需 5% ~ 8% 的维修和配件更换的费用。

（2）机械油耗成本

根据经验数据，新设备的油耗和二手设备相比较，综合统计能够降低 30% ~ 50%。

（3）维修工的成本

40 多台（套）二手设备需增加 5 ~ 8 名机修人员的工资。

（4）影响工效

二手设备功效降低 20% ~ 30%，和新设备对比，数量上需多投入一定的比例。

（5）窝工影响

二手设备故障率较高，会出现人员和其他设备的窝工情况，影响项目进度，从而影响项目的成本。

（6）调遣费用

二手设备需要进行调遣，如果距离较远，也会发生一定的费用。

（7）新购设备的成本

新购设备要计算资金的使用成本。另外，如果机械设备在一个项目使用后就卖掉，机械设备的成本会按设备原值的 50% ~ 70% 全部计入项目成本（视出售设备的价格而定）。

我们汇总一下以上费用和数据，结合本案例，对新、旧机械设备的成本做了一个比较，如表 12–1 所示。在没有考虑二手设备故障率较高可能会造成窝工的情况下，新、旧设备的成本差不多。如果从项目成本和工期保证的角度来考虑，选择新购设备还是比较有利的，但现实中还需要结合二手设备的状况、性能及承包商的资金情况进行综合分析和最终决策。

新购机械设备和二手机械设备的成本比较　　表12–1

序号	费用名称	新购设备（万元）	二手设备（万元）	备注
	全部购买	6000	—	
1	折旧费用	3300	900	新购设备按 55% 计算，二手设备按 15% 计算
2	维修成本	600	1800	新购设备按 5%/ 年计算，二手设备按 15%/ 年计算
3	机械油耗	1200	1800	二手设备油耗比新购设备油耗增加 50%
4	维修工的成本	50	120	新购设备按 5 个修理工计算，二手设备按 12 个修理工计算
5	调遣费用	0	60	
6	财务费用	450	0	新购设备分批采购，财务费用按 1.5 年的贷款利息考虑
7	影响工效	0	900	二手设备比新购设备数量增加 20%，按 1 ~ 3 项之和的 20% 计算
8	窝工影响			
	合计	5600	5580	

3. 国际工程中的人工费

在国际工程中，要尽量使用当地的管理人员和劳力人员。当地员工的工资水平很低，如果采用较多的国内人员，成本就会增加很多。在非洲，一名国内人员的工资和 5 ~ 8 名当地人员的工资差不多。所以在国际工程中，国内人员工资对成本来说，是比较敏感的因素之一。

六、资金使用计划

设备材料付款方式对设备材料采购价格影响较大。如果承包商有资金能力或融资能力，在融资费用较低的情况下，宜扣除相关质保费用外全额付款购买设备材料。如果分期付款，设备供应商必然会把他的融资费用和相关费用加到设备材料价格中，算算经济账，其实并不划算。要根据合同条款的付款方式、支付时间和项目支出情况，在项目策划阶段就要做好资金使用计划。

第二节　责任预算编制

项目前期策划由承包商总部审定后，承包商总部编制项目责任预算（或称为责任成本），责任预算由承包商总部成本管理部门根据内部定额数据库和项目前期策划方案编制，一般在工程中标后 15 日内编制、审批完成并下发项目执行。

一、责任预算管理流程（图 12–1）

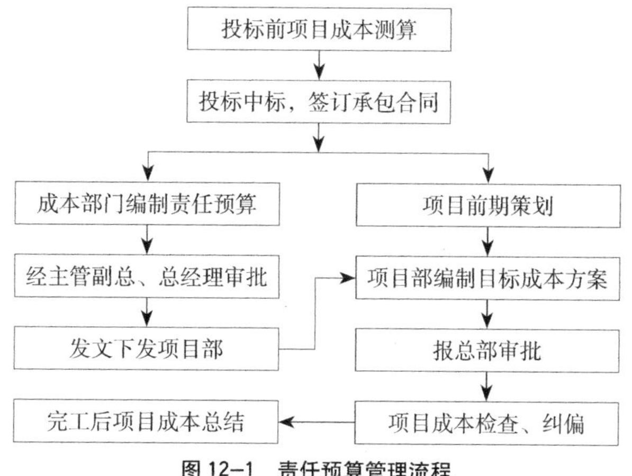

图 12–1　责任预算管理流程

责任预算管理的流程，实现了承包商从投标前的成本分析，总部进行项目前期策划，总部编制责任预算，项目编制目标成本方案，项目成本检查、纠偏、完工后项目成本总结的闭合管理过程。

二、管理制度实例：责任预算编制及管理细则

1. 总则

1.1 为加强企业成本管理，适应市场竞争，满足内部核算和对项目的考核，增强项目成本控制的严肃性，满足项目成本合理支出，确保公司利润最大化，特制定本细则。

1.2 责任预算管理以实事求是、动态管理为基本原则。

1.3 责任预算管理需要公司各管理部门分工协作。

1.4 责任预算编制采用的技术经济指标要体现先进、公平、经济的原则，真实反映公司成本的管理水平。

1.5 责任预算编制的内容应简单、易行，项目部编制责任预算总额内的目标成本，目标成本要满足公司和项目部成本核算的需要，必须有分部分项工程工料机的详细分析。

1.6 责任预算动态管理以严格的工作流程来保证，鼓励项目部提高管理水平，挖掘降低成本的潜力。

2. 责任预算管理机构

责任预算编制、审批和管理成立以下组织机构。

组　长：总经理

副组长：主管成本的副总经理

成　员：成本部、工程部、物设部、市场部、总工室、项目经理部

3. 责任预算的编制

3.1 责任预算编制依据

3.1.1 招标文件、投标文件、施工合同以及与此有关的文件。

3.1.2 投标工程量清单、施工图纸。

3.1.3 经审批的项目前期策划方案（含施工组织设计的内容）。

3.1.4 企业内部定额数据库、内控制度和相关规定。

3.1.5　工程所在地的价格信息（分包价格、材料价格、劳动力价格、设备租赁价格）。

3.2　责任预算编制内容

3.2.1　责任预算封皮和编制说明。

3.2.2　责任预算汇总表。

3.2.3　责任预算综合单价表。

3.3　责任预算项目划分

责任预算既可按照工序划分分部分项工程，也可按照投标文件的工程量清单进行划分。

3.4　责任预算工程数量

按照施工图纸和工程量计算规则计算，或采用中标工程量。

3.5　责任预算成本单价（C_0）

对分包项目，按照分包单价确定。

对常规项目，使用企业内部定额数据库编制单价。

对非常规项目，按照审批的项目前期策划方案确定的劳动组织、机械配备、工效并参照企业内部定额数据库，编制单价。

3.6　责任预算单价计算公式

$$C=C_0\times a_1\times a_2$$

式中　C——责任预算综合单价；

C_0——责任预算成本单价；

a_1——现场管理费用系数；

a_2——工程量调整系数。

式中　C_0、a_1、a_2均来自企业内部定额数据库。

4. 责任预算编制及管理职责分工

4.1　项目经理部

项目经理部在工程中标后15日内编制、上报项目前期策划方案（含施工组织设计）。对大型项目，公司工程部门负责组织编制。

4.2　工程部

工程部组织现场考察和召开项目前期策划方案会，7日内对项目前期策划方案进行审查、批复，并把存在的问题、意见和建议反馈到项目部，项目部在5日内进行修改和完善，并上报给工程部、成本部。

施工组织设计要从工程技术、施工组织模式、方案的经济性等方面进行综合审查。

4.3　物设部

物设部在工程中标后15日内提供工程所在地的材料市场价格。

4.4　市场部

市场部在工程中标7日内进行投标阶段的技术、经济交底工作，提供投标阶段的招标文件、答疑文件、投标文件、招标图纸、投标成本分析等资料。

4.5　成本部

成本部先根据投标时的施工组织设计和条件编制责任预算，在收到经审批的前期策划方案5日内，调整、完成责任预算的编制。

5. 责任预算的审批与下达

5.1　责任预算编制完成后征求项目部意见，并将有关意见整理成文字材料，一同报给公司主管成本的副总经理。

5.2　责任预算由主管成本的副总经理、总经理依次审批，审批工作在7个工作日内完成。

5.3　责任预算审批完成后，由成本部发文，分发到项目部、工程部、财务部和成本部。

5.4　责任预算应在中标后45日内完成全部编制与审批工作。

6. 责任预算的动态管理

6.1　责任预算的分类

根据施工合同性质的不同，责任预算分为单价责任预算、可调整的总价责任预算、一次包死的责任预算。

施工合同为单价模式的，采用单价责任预算，工程量根据发包人计量和竣工结算的工程量进行调整。

施工合同为总价承包方式的，采用可调整的总价责任预算和一次包死的责任预算，根据工程变更索赔情况进行调整。

6.2　责任预算动态管理的条件

6.2.1　采用的施工工艺发生重大变化。

6.2.2　工程所在地市场价格发生重大变化。

6.2.3　公司批准的特殊原因引起的变化。

6.3　责任预算动态管理的程序

6.3.1　市场材料价格发生重大变化，由项目部提出申请，按公司审批程序进行调整（附市场材料价格重大变动调整审批表）。

6.3.2　施工工艺发生重大变化和特殊的项目，按公司审批程序进行调整（附重大施工工艺调整审批表）。

6.3.3　对工程设计变更项目的责任预算，按已有责任预算单价或重新编制责任预算单价进行确定。

责任预算审批表

责任预算编号：

项目名称	
内容	
成本管理部	
副总经理	
总经理	

材料价格重大变动调整审批表

责任预算编号：

项目名称	
调整内容	
工程部	
成本管理部	
副总经理	
总经理	

重大施工工艺调整审批表

责任预算编号：

项目名称	
调整内容	
工程部	
分管副总工	
成本管理部	
副总经理	
总经理	

× × 工程

责任预算文件

编制单位：

受控单位：

编制日期：

编制说明

一、工程名称

二、工程规模、结构形式

三、编制依据

四、合同价款形式

五、责任预算价款

六、其他说明

责任预算汇总表

工程名称：

序号	项目或费用名称	单位	责任预算	备注
一	项目直接费	元		
二	现场管理费	元		
三	税金	元		
	小计	元		
	责任预算	元		

项目直接费责任预算清单

工程名称：

序号	分部分项工程名称	规格	单位	工程数量	责任预算		责任预算单价拆解			备注
					单价	合价	人工费	材料费	机械费	

项目现场管理费用清单

工程名称：

序号	项目名称	单位	数量	责任预算单价	合价	备注
一	管理人员工资					
二	临时设施费用					
三	大型设备调遣、安拆费用					
四	差旅费					
五	办公费					
六	通信费					
七	车辆使用费					
八	水电费					
九	招待费					
十	其他					
十一	合计					

主要材料单价表

工程名称：

序号	主要材料名称	单位	单价	备注

主要机械设备租赁价格和台班费用表

工程名称：

序号	主要机械设备	单位	单价	备注

拟分包价格表

工程名称：

序号	分包项目	单位	单价	备注

混凝土单价计算表

混凝土强度等级：

序号	材料名称	单位	材料用量	材料单价	合价
1	水泥 42.5 级				
2	中粗砂				
3	碎石				
4	水（预制混凝土用）				
5	外加剂 1				
6	外加剂 2				
7	粉煤灰				
8	矿渣粉				
	混凝土单价				

三、责任预算制度

1. 责任预算是项目成本控制的上限

承包商总部组建项目部，也可以通过内部竞标的方式来完成项目部的组建，项目部和公司签订目标责任书，工期、质量、安全、责任预算、资金回收等都是目标责任书的主要内容和考核指标。

责任预算由公司总部编制下达，作为项目考核的主要内容之一。责任预算是项目成本控制的上限。

2. 责任预算的准确性是责任成本的关键

承包商对项目的考核要建立严格的考核标准，对项目成本一般用责任预算进行考核。但很多承包商责任预算的编制没有标准，决策没有依据。责任预算应该是项目团队踮踮脚可以够到的水平，很容易完成或根本达不到的目标都是无效的标准。

大家都知道项目的成本要素繁杂、现场情况千差万别，给准确计算项目成本带来很多实际困难。应对措施：承包商要建立和完善企业内部定额；责任预算结合投标阶段和中标后进一步现场考察的资料进行编制；详细的项目前期策划。

承包商总部制订的项目前期策划方案是项目管理和成本控制的主要依据，审批的项目前期策划方案必须作为纲领性文件在项目上实施，不得随意改动。

3. 考核制度的落实是责任预算的核心

承包商根据目标责任书各指标考核完成情况，实行责任预算外盈利分成的方式来激励项目部落实责任预算，这是责任成本的核心。有些承包商虽然有分成政策，但不能有效落实或大打折扣，挫伤项目部的积极性。

承包商对项目激励考核很多采用超利分成的方式，但真正落到实处的不多。实现超额利润本来是好事，但承包商总部不想或者不敢对项目兑现。这就影响了项目部的积极性，让其他人也感觉到公司总部的政策如同儿戏，没有权威性。

激励考核政策最好和企业实际相结合，比如可以设立分段考核，设置一个封顶数。但要真正起到激励的作用，不是怕盈利多的项目团队多拿分成，而是要避免“大锅饭”现象的发生，设置一个封顶数，既起到激励作用，又能够不脱离公司的实际情况。

项目部也要建立考核体系标准，对完成指标的部门和个人进行奖励。如果需要多个部门协同完成，那么协同团队中，一个部门完成不了指标，会影响整个团队的工资和奖金，所以应鼓励加强团队建设，齐心协力完成指标。

对班组宜采取计件、包干的考核方式，鼓励多劳多得，充分发挥考核的积极作用。

在分包合同中要约定对分包商的考核，对关键线路上的分包商宜采用重奖重罚的办法，保证资源投入和关键线路的按期完工。

第三节　项目成本督查

项目成本督查是承包商对项目成本管控的一种管理手段和方式，同时这些督查的内容也是项目部加强成本控制的重点。各项目部人员应认真学习和严格执行企业制定的成本控制与核算管理制度，保持自律，不利用职权或工作之便干扰成本督查管理工作，使施工企业成本管理真正落到实处。

一、成本督查的内容（表 12-2）

成本督查的内容　　表12-2

序号	督查项目	督查内容
1	项目前期策划方案的执行	施工过程中各项管理是否执行了项目前期策划方案
2		若对项目前期策划进行了局部调整，是否进行了审批
3	项目成本目标方案的编制和执行	是否编制了成本目标方案
4		成本目标方案中是否建立了明确的责任分工
5		成本目标方案中是否有详细的实现成本目标的保证措施
6		成本目标方案中的目标成本能否有效地控制在责任预算范围内？目标成本和责任预算的每个分项是否进行了对照分析
7		每月是否召开了成本分析会？是否有详细的成本预控总结？成本分析中是否有详细的量、价分析？成本盈亏分析是否正确？若发生亏损，有无原因分析？有无改进措施
8		项目完工后有无详细的项目成本总结？总结能否达到复盘的目的
9	项目变更索赔	是否建立了变更索赔台账？索赔台账是否进行了动态的更新
10		是否编制了变更索赔策划方案？策划方案能否随施工进展不断地演变
11		是否执行了变更索赔内部的发起、批复程序
12		变更索赔资料管理是否及时、规范、有效
13		变更索赔是否按合同约定的时间和程序进行了上报
14		变更索赔取得的效果是否达到预期
15	竣工结算	竣工结算是否按合同要求的时间编制、上报
16		编制竣工结算书的相关证据是否齐全？变更索赔事项是否已经全部签认
17		竣工结算上报后，是否进行了紧密的跟踪？是否在公司要求的节点前办理完成了竣工结算
18	承包合同	是否进行了承包合同交底
19		对承包合同重点条款是否进行了摘录？是否和合同交底一起发送到了相关管理人员手中
20		变更索赔策划方案是否依据了合同？主要依据的是合同的哪些条款
21	供应商管理	是否经过比价或招标选择分包商、材料供应商
22		分包合同是否及时签订？是否存在未签分包合同，先进场施工和付款的情况
23		分包限价、机械租赁限价执行情况
24		采购结算、租赁结算、分包结算是否符合合同约定
25		分包竣工结算和设备租赁最终结算是否报公司审批、审计

续表

序号	督查项目	督查内容
26	台账管理	承包合同台账
27		变更索赔台账
28		分包合同台账
29		设备租赁合同台账
30		物资买卖合同台账
31		分包结算台账
32		设备租赁结算台账
33		物资采购台账
34		物资采购成本分析台账
35		主要材料消耗分析台账
36		周转材料及低值易耗品台账
37		固定资产台账
38		临时设施台账
39		应付账款台账
40	物资管理	单位工程主要物资需用总计划是否编制？能否随设计变更及时调整
41		月度及临时物资需用和采购计划是否编制？审批流程是否完善
42		供应商的选择是否符合规定？是否在公司颁布的合格供方名录内
43		材料采购价格确定程序与执行是否符合公司要求？零星采购与大宗采购的区别是什么？能否按规定执行公司集中采购
44		物资买卖合同签订与执行是否符合公司规定
45		物资计量程序和计量设备的使用是否符合公司规定
46		是否对材料领用实行限额
47		是否执行公司周转材料管理办法
48		工程剩余材料和废旧物资的管理与处理是否符合公司规定
49		发票未到，材料是否及时预点
50		材料的出入库管理是否符合有关规定？是否满足内控要求
51		材料盘点是否账实相符
52	工程计量	形象与计量是否同步
53		大宗材料盘点与计量是否同步
54		周转材料摊销与计量是否同步
55		间接费摊销是否与计量同步
56		分包、设备租赁结算是否与计量同步

续表

序号	督查项目	督查内容
57	财务核算	临时设施摊销是否按要求入账并摊销
58		安全生产费计提与支付是否按要求足额计提？支付是否符合规定
59		分包、租赁成本的核算是否完整、准确
60		固定资产管理是否账实相符？账外资产情况怎样
61		费用核算是否符合有关规定？是否有不应列支的费用
62		是否有长期挂账的款项
63	施工现场	施工平面图布置、主要施工方案是否和前期策划方案一致
64		形象进度是否与计划相吻合？若工期延误，有无原因分析？有无改进措施
65		根据现场工作面展开的情况，现场人员、机械设备配备是否合理
66		分包商配备的资源是否符合进度需要？是否有资源不足或窝工的情况

二、成本督查的方法和程序

（1）督查组首先要听取项目经理关于施工进度、成本策划方案运行、项目成本、变更索赔、竣工结算等工作的自查汇报。

（2）督查组查看施工现场，了解施工组织、施工进度、施工工艺、施工队伍、施工方法、施工设备、施工质量、物资采购、设备租赁、分包价格对施工成本的影响因素。

（3）督查组查看内业资料和台账。

（4）督查组与项目部交换意见。

（5）督查组编写督查报告，对项目成本管理给出客观的评价和建议。

（6）督查报告以成本督查考核表中的考核内容、考核标准、评价意见、单项得分、综合得分加综合评述的形式体现。

（7）督查报告报送公司总经理、公司主管副总、项目经理。

（8）督查组每年一季度根据公司主管领导的要求及项目盈亏情况编制公司年度督查计划。

（9）年度督查计划需经过公司总经理或主管领导批复后实施。

（10）年终督查组对年度内督察报告进行汇编提炼，编写共性案例，提供给各项目部参考。

第四节　变更索赔的标准化管理

工程变更索赔纳入项目成本管理的范畴，变更索赔要以合同为基础，证据要充分、资料要完整、数据要真实、责任要明确。

一、变更索赔档案

变更索赔档案包括索赔事件序号、索赔事件名称、申报金额、批复金额、上报时间、批复时间、索赔依据、索赔负责人、索赔进展情况、与监理发包人的分歧、工程量及单价计算原则、需要项目部领导及其他职能人员配合解决的问题、需要公司总部解决的问题等。

二、变更索赔台账

变更索赔台账包括合同中关于费用条款的摘录、与费用相关的工程业务联系单台账、设计图纸变更台账、与费用相关的会议纪要台账、发包人计量台账、工程索赔证据清单台账等。

三、变更索赔技术资料

变更索赔技术资料包括技术规格书、施工组织设计、施工图、竣工图、中间交工验收图、设计变更图、地质资料、水深图、设计变更通知单、船机进退场手续、原始测量资料、分部分项工程验收资料、工程数量计算书、工程业务联系单等。技术资料必须经过监理（或设计）、发包人的签字、盖章。

四、变更索赔经济资料

变更索赔经济资料包括招标投标文件、合同文件、相关定额及取费标准、造价信息、材料发票、合同外项目单价组成分析、索赔费用计算书、索赔相关证据等。

第五节　下游供应链管理

承包商应与下游供应链，包括分包商、设备商、材料供应商建立起长期合作的战略关系。

房地产企业一般在这方面做得比较好，战略供应商都会有很高的折扣，供应商节省了经营攻关的费用，采购企业也节约了采购成本，形成双赢。

承包商与优秀的分包商应建立利益共同体，在投标和施工阶段密切配合。选择分包商不能只看价格高低，关键还是要看分包商的履约能力和同舟共济的合作关系。履约能力差的分包商，项目实施过程中必然要索赔，影响整个项目的安排。如果分包商履约严重不利，还要涉及清场、重新选择新的分包商，必然影响项目进度和成本。所以，承包商想做大做强，要有一批优秀的分包商做支撑，能够认同企业理念，能够同舟共济，能够在关键的时候冲上去。

承包商和设计单位也要形成利益共同体，不管是 EPC 项目还是施工总承包项目，在投标和施工过程中，加强彼此的合作，建立利益共享的机制，从设计上要效益。

承包商项目部根据承包商总部的项目前期策划，对分包、物资采购、设备租赁、人员聘用等进行安排，承包商总部有集中采购、招标要求的，在总部平台上进行招标。没有建立招标平台的，所有的分包、采购、租赁合同都要报承包商总部进行审批。根据招标和审批结果，择优选择分包商、材料采购商和设备租赁商。

一、承包商、分包商利益共同体的建立

承包商总部要建立分包商选择、评价、培养和使用的机制，分包商要打造自己的专业优势，培育自己的项目管理能力和水平，成为承包商发展的重要支撑。虽然两者要以合同为约束，但真正把两者绑在一起的应该是共同的利益和各自的担当。承包商与分包商要建立起战略合作的伙伴关系，谋求共同发展。

二、分包合同的核心内容

1. 人员配备的要求

在分包合同中，明确分包商的管理组织机构，要求配备具有类似施工经验的管理人员和与其承担的分包工程相关的技术工人和熟练的操作手。

2. 资金筹措能力

分包合同中明确分包商要具有一定的资金筹措能力，以保证工程的顺利实施。

3. 机械设备情况

具备在分包合同工期内完成分包合同所必需的机械设备投入。

4. 施工经验

具有承担类似工程的施工经验。

5. 施工成本

一个好的分包合同理应达到承包商和分包商的双赢，这是合同能否顺利执行的必要前提，分包商获得自己应得的利润，才能保证分包合同的顺利完成。

6. 施工进度、质量、安全环保

分包合同中明确施工的总体进度和分阶段的节点要求、总体质量标准和分部分项工程的质量要求，安全环保的标准、措施和费用投入比例。

7. 文明施工

分包合同中，明确分包单位文明施工的具体要求和费用投入比例。

8. 奖罚条款

分包合同中要建立完善的奖罚管理体系，要有明确的量化指标，发挥经济杠杆在项目实施过程中的作用。

三、制定分包限价、机械租赁限价

分包限价、机械租赁限价是在企业内部定额基础上建立起来的。如果承包商企业没有企业内部定额，分包限价、机械租赁限价应该逐步建立，这是承包商总部对分包价格控制的基础。

四、规范分包工程计量、分包工程竣工结算管理

【例12-3】

分包商可以拿承包商与发包人的计量单来主张结算和付款权力吗?

某河道整治项目中，承包商把河道清淤分包给一家分包商。在项目执行过程中，分包商的施工进度达不到发包人和承包商的要求，承包商清退了这家分包商。

承包商在上报发包人工程进度款时，为了早拿到一些工程款，就提前虚报了很多工程量，其中就包括河道清淤的工程量。

分包商被清退后，双方在进行费用清算的时候，分包商主张以承包商和发包人办理的工程进度款中的工程量进行结算，承包商当然不会答应。

由于双方达不成共识，分包商对承包商提起诉讼，要求以发包人和承包商结算的工程量进行分包清算，承包商不予同意，法院就要求承包商提供承包商和分包商都签认的过程结算文件，但在施工过程中，承包商和分包商从来没有办理过过程分包结算，承包商主张按实际测量进行清算，但法院最后判定同意分包商的主张：以“发包人和承包商结算的工程量”进行分包清算。

在项目执行过程中，承包商对分包商应及时办理月度结算和完工结算，因此，规范过程中的管理，才不会再出现上述案例中的损失。

1. 分包工程月度计量单、分包工程月度计量完工证

（1）项目部每月与分包商办理分包工程月度计量单。

（2）分包工程月度计量单具体格式见后。

（3）分包工程月度计量完工证的具体格式见后。

（4）分包工程月度计量单（每页）加盖分包商公章，并由分包商法定代理人（或授权的代理人）签字。

（5）分包合同编号为 ××，分包工程月度计量单编号对应为 ××–JL01、××–JL02、××–JL03……分包工程月度计量完工证对应为 ××–JLWGZ01、××–JLWGZ02、××–JLWGZ03……。

（6）分包商从项目部预算员处领取加盖“复印无效”印章（红字）的分包工程月度计量完工证空白表。会签完成后，项目部预算员根据分包工程月度计量完工证办理分包月度计量单，同时收回分包工程月度计量完工证。“复印无效”印章（红字）加盖到“完工证编号”字样处。

2. 分包工程竣工结算书、分包工程竣工结算完工证

（1）分包工程完工后，项目部与分包商办理分包工程竣工结算书。

（2）分包工程竣工结算封皮：具体格式见后。

（3）分包工程竣工结算价款表：具体格式见后。

（4）分包工程竣工结算完工证：具体格式见后。

（5）分包工程竣工结算封皮、分包工程竣工结算价款表（每页）加盖分包商

公章，并由分包商法定代理人（或授权的代理人）签字。

（6）分包合同编制为 ××，分包工程竣工结算书编号对应为 ××-JS，分包工程竣工结算完工证对应编号为 ××-JSWGZ。

（7）分包商从项目部预算员处领取加盖“复印无效”印章（红字）的分包工程竣工结算完工证空白表，会签完成后，项目部预算员根据分包工程竣工结算完工证办理分包工程竣工结算书，同时收回分包工程竣工结算完工证。“复印无效”印章（红字）加盖到“完工证编号”字样处。

3. 分包工程月度计量单、分包工程竣工结算书的发、存

分包工程月度计量单、分包工程竣工结算书一式三份，每页分别加盖“财务存”“预算存”“分包存”印章（红字）。

“财务存”“预算存”的分包工程月度计量单、分包工程竣工结算书在封皮上写清对应的承包合同名称，以便财务核算使用。

分包工程月度计量完工证、分包工程竣工结算完工证一式一份，由项目部预算员留存，加盖“已结清”印章（红字），与加盖“预算存”的分包工程月度计量单、分包工程竣工结算书装订在一起，以备查验。

4. 分包工程竣工结算审计程序

项目部与分包商办理分包工程竣工结算前，必须履行公司审计程序。未经审计的分包工程竣工结算不得支付分包工程尾款。

5. 分包工程月度计量、分包工程竣工结算完成时间

分包工程月度计量在每月 25 日前完成。

分包工程竣工结算在分包工程完工后 1 个月内完成。

6. 分包成本统计

项目部在工程分包前对分包成本进行测算，施工过程中和分包工程完工后对分包商资源的投入数量、投入时间、价格要素进行统计、分析，并与测算进行对比，测算出分包商的实际成本和利润，与分包结算档案一起留存。

7. 分包工程竣工结算档案的建立、交接、归档

项目部按每一个承包合同分别建立分包工程竣工结算档案，每一份分包合同对应一份分包工程竣工结算档案，单独装盒，分包工程竣工结算档案的内容包括：分包工程竣工结算档案台账（见后）、分包申请、分包合同、分包工程月度计量完工

证、分包工程月度计量单、分包工程竣工结算完工证、分包工程竣工结算审计审批单、分包工程竣工结算书、分包工程成本统计分析等资料。

项目部相关管理人员调动时，要对分包工程竣工结算档案进行电子、纸质文档的交接，形成交接记录并签字，保证分包工程竣工结算档案的完整性。

一个承包合同对应的所有分包合同全部履行完成后，分包工程竣工结算档案移交公司档案室管理。

五、对关键线路上分包项目的管理

总包项目部要高度关注关键线路上的工作，对在关键线路上的分包项目要制定严格的奖罚措施，把优秀的分包商资源用在“刀刃”上，发挥关键作用。

六、项目部管理水平对分包商的影响作用

通常项目管理出现问题，普遍归结于分包商的能力和水平不足，其实总包项目管理水平的高低直接影响着分包商的项目实施。总包项目部掌握着整个项目的关键资源、开工时间、项目整体部署及与外界的沟通，总包项目部除了以分包合同为依据对分包商进行约束和控制外，其实总包方提供的资源、界面和服务也至关重要。

总之，总包方、分包方不应该只是被看作是简单的合同关系，要建立起相互之间的信任，齐心协力，共谋发展，构建战略合作伙伴关系。

____年____月分包工程计量单

分包工程名称：

分包合同编号：××

分包计量单编号：××–JL01

分包工程起、止时间：

计算依据：分包合同（编号：××）、分包工程月度计量完工证（编号：××–JLWGZ01）

序号	分包项目	单位	工程数量		单价（元）	分包合计价（元）	
			本月	累计		本期	累计
	其中，含安全生产费 1%						
	合计	元					

（每页）

承包单位（盖章）：　　　　分包单位（盖章）：

编 制 人：　　　　计量金额：

项目经理：　　　　分包单位法定代理人：

（或授权的代理人）：

日　　期：　　　　日　　期：

____年____月分包工程计量完工证

分包合同编号：× ×

完工证编号：× ×-JLWGZ01 序号：00001

分包工程名称：

分包单位：

分包工程起、止时间：

会签部门	会签意见
主办技术员	完成的分包项目、本期工程量、累计工程量及其他： 日期：
现场调度	现场人员、船机配置情况，是否有现场签证： 日期：
质量员	日期：
安全员	日期：
物资部门	日期：
机务部门	日期：
后勤、文明施工	日期：
项目总工	日期：
项目生产副经理	日期：
项目经理	日期：

备注：1. 本表项目经理签字后生效，项目经理不签字，以上其他人员签字无效。
2. 本表只作为分包商办理分包计量使用，不作为分包结算生效、分包付款的依据。
3. 本表加盖“复印无效”印章（红字），分包商办理分包计量时由项目部预算员收回。
4. 分包商每月 25 日前办理分包工程完工证签字、分包工程计量，逾期将不予办理。
5. 本表在当月 25 日之前有效，过期作废，遗失不补。

分包合同编号：××

分包结算编号：××–JS

××工程分包竣工结算书

（起、止时间）

注：本分包工程竣工结算为××工程分包合同（分包合同编号：××）及所涉××分包工程的最终结算，已包括完成××工程分包合同所约定的所有分包内容及所有施工过程中的签证。双方对××分包工程合同（分包合同编号：××）的约定、所有施工过程中的签证、本结算书中的项、价、量均无异议。

承包单位（盖章）：　　　　分包单位（盖章）：

编 制 人：　　　　总结算金额：

其中：已计量金额：

项目经理：　　　　分包单位法定代理人：

（或授权的代理人）：

日　　期：　　　　日　　期：

分包工程竣工结算价款表

分包工程名称：

分包合同编号：××

分包结算编号：××-JS

施工时间：

计算依据：分包合同（编号：××）、分包工程竣工结算完工证（编号：××-JSWGZ）

序号	分包项目	单位	工程数量	分包单价	分包金额（元）	备注
	合计	元				
	结算总额中包含1%安全生产费用	元				

（每页）

承包单位（盖章）：　　分包单位（盖章）：

编 制 人：　　总结算金额：

其中：已计量金额：

项目经理：　　分包单位法定代理人：

（或授权的代理人）：

日　　期：　　日　　期：

分包工程竣工结算完工证

分包合同编号：××

完工证编号：××-JSWGZ　序号：00001

分包工程名称：

分包单位：

起止时间：

会签部门	会签意见
主办技术员	完成的分包项目、工程量及其他： 日期：
现场调度	现场人员、船机配置情况，是否有现场签证： 日期：
质量员	日期：
安全员	日期：
物资部门	日期：
机务部门	日期：
后勤、文明施工	日期：
项目总工	日期：
项目生产副经理	日期：
项目经理	日期：

备注：1. 本表项目经理签字后生效，项目经理不签字，以上其他人员签字无效。

2. 本表只作为分包商办理分包结算使用，不作为分包结算生效、分包付款的依据。

3. 本表加盖“复印无效”印章（红字），分包商办理分包结算时由项目部预算员收回。

4. 分包商在工程完工后 15 日内办理完成完工证签字，逾期将不予办理。

5. 本表在项目经理签字的当月有效，过期作废，遗失不补。

分包工程结算档案（可扩充、调整格式）

承包合同名称：

序号	分包合同编号	分包工程名称	分包商	分包合同价格（元）	分包工程计量（元）				分包单价及内容	分包工程竣工结算金额（元）	备注
1	××				××-JL01	××-JL02	××-JL03	……			

分包工程月度计量完工证（空白表）发放记录

完工证序号	领取单位	领取人签字	是否回收	备注
00001				

注：分包工程竣工结算完工证与此表相同。

第十三章
项目部成本管理体系

第一节　项目目标成本方案

1. 总则

1.1　为了加强项目成本的计划管理和项目成本的事先控制，确保公司责任预算目标的实现，特制定本细则。

1.2　项目成本目标方案是项目成本控制的依据，必须明确项目领导和项目职能人员的职责，必须制订方案的保证措施，制订的方案必须在项目实施过程中严格执行。

1.3　公司下达的责任预算作为项目目标成本方案的最高限额，不得逾越。

2. 管理职责

2.1　成本部作为项目目标成本方案的管理部门，负责督促、指导项目成本目标方案的编制和总结，组织方案的批复、下达和检查等工作。

2.2　成本部、工程部、总工办分别对项目成本目标方案中的内容、保证措施、项目人员分工、工程索赔进行审批。

3. 编制的内容

3.1　项目成本目标方案由封皮、编制说明、成本盈亏分析表、项目索赔策划、责任预算拆解表、成本对照分析表等组成（见附件1、2、3、4、5，附表1、2、3）。

3.2　项目成本目标方案必须制订实现成本目标的保证措施，主要包括施工组织、资源配置、分包单位选择、分包价格谈判、大小临建布置、施工方案、施工工艺、物资采购、周转材料、模板选型、机械租赁、间接费用、税务策划和工程索赔等方面的保证措施。

3.3 项目成本目标方案必须明确项目领导和项目职能人员的分工，主要包括项目经理、项目商务经理、项目副经理、项目总工、主办工程师、预算员、材料员对成本控制的管理职责。

3.4 项目成本目标方案中必须有详细的项目索赔策划方案或预防反索赔预案，明确项目经理是工程索赔的第一责任人和负责人，策划方案的内容主要包括索赔目标的确立、索赔程序和索赔工作标准的建立、项目人员索赔工作分工、对合同条款的研究及对策，对施工条件变化、设计变更、地质资料变更、合同外项目、三通一平、原地面标高、开挖后标高、工程资料报验、价格调整、暂定金额、新编单价、补充定额、材料发票管理、工程停工、补充合同的签订等进行详细的分析和研究，有针对性地制订策划方案，并明确具体执行人和负责人。

4. 管理程序

4.1 项目必须在责任预算下达后15日内完成成本目标方案的编制，并上报公司成本部门。

4.2 成本目标方案实施后，项目必须每月召开一次成本分析会，并形成会议记录，公司组织专项检查或结合公司的经济运行联查，对方案的执行情况进行检查，并对项目成功经验做法和存在的问题进行通报。

4.3 工程竣工结算后，项目对成本目标方案的执行情况进行总结，1个月内上报公司成本部门（总结组成见附件6、附表4）。

附件1

× × × 工程

项目成本目标方案

负责人：× × ×

编制人：× × ×

项目部：× × ×

日期：× × 年 × × 月 × × 日

附件2

编制说明

一、编制依据：

×××

二、参考依据：

×××

三、有关说明：

×××

附件3

项目成本控制中项目人员的职责和分工

方案是项目经理传递压力、分清职责的载体，方案应对以下职责进行重点描述。

1. 项目经理职责

×××

2. 项目商务经理职责

×××

3. 项目副经理职责

×××

4. 项目总工程师职责

×××

5. 主办工程师职责

×××

6. 预算员职责

×××

7. 材料员职责

×××

8. 其他

×××

附件4

项目成本目标实现的保证措施

1. 施工组织及资源配置

×××

2. 施工方案及施工工艺的优化

×××

3. 模板选型及周转材料

×××

4. 物资采购流程与控制

×××

5. 机械选型和租赁

×××

6. 分包单位选择及分包价格谈判

×××

7. 大小临建布置对成本的影响

×××

8. 项目部间接费用的预控

×××

9. 分包商税金代扣代缴等方面的保证措施

×××

附件5

项目索赔策划方案

1. 项目部必须针对合同条款制订详细的项目索赔策划方案或者反索赔预案；

2. 策划方案的内容主要包括索赔目标的确立、索赔程序和索赔工作标准的建立、项目人员索赔工作分工；

3. 对合同条款的研究及对策；

4. 对施工条件变化的变更、设计变更、地质资料变更；

5. 合同外项目；

6. 三通一平；

7. 原地面标高、挖后标高；

8. 工程资料报验；

9. 价格调整；

10. 暂定金额；

11. 新编单价、补充定额；

12. 材料发票管理；

13. 工程停工；

14. 补充合同的签订等进行详细的分析和研究，有针对性地制订策划方案，并明确具体执行人和负责人。

附件6

项目成本目标方案总结文字叙述

1. 工程概况：

（1）工程名称：

（2）施工地点：

（3）结构形式及规模：

（4）主要工程数量：

（5）工程平面图：

2. 开工日期、竣工时间（开竣工时间及总工期）

3. 工程特点分析

4. 主要施工方案

5. 施工人员配备

（1）项目部管理人员人数：

（2）分包单位名称及投入人数：

6. 主要投入机械设备

7. 主要经济指标

（1）合同价：____

（2）责任预算：______________________________________

（3）成本预控目标：___________________________________

（4）实际成本价：_____________________________________

8. 项目成本预控的成功经验（要具体到分部分项工程、有数据支持、影响成本金额比较大的成本控制点要以案例的形式进行详细的描述并加以总结）

9. 项目成本预控的不足之处及吸取的教训

10. 对同类工程成本预控的关键因素的建议

附表1

成本盈亏分析表

一、说明

×××

二、主要工作内容分析

×××

三、索赔签证分析

×××

四、总结

×××

责任预算拆解表 附表2

序号	项目名称	技术及规格	单位	工程量	责任预算									
					单价					合价				
					合计	人工	材料	机械	其他费	合计	人工	材料	机械	其他费

成本对照分析表 附表3

序号	项目名称	单位	责任预算			目标成本			备注
			工程量	单价	合计	工程量	成本单价	合计	
	总计	元							
	预计利润	元							

竣工项目成本总结分析表 附表4

序号	项目名称	单位	A工程量	A单价	A合计	B工程量	B单价	B合计	C工程量	C单价	C合计	C与A	C与A	C与A	C与B	C与B	C与B	备注
												工程量（差）	单价（差）	总价（差）	工程量（差）	单价（差）	总价（差）	
1																		
2																		
3																		
4																		
5																		
6																		

注：请在备注中较详细地说明各分项变化的原因

A：责任预算；B：目标成本；C：实际成本

第二节　项目成本核算

项目成本核算不是简单的财务核算，要与业务进行结合，是业财一体化的成本核算。

项目成本核算是项目管理过程中每月（或每季度、每年）通过对收入和成本数据的收集、归纳和分析，计算项目的盈亏。通过数据的分析，发现项目管理过程中存在的不足，进而在项目管理的下一阶段进行改进和加强的一种管理手段。

在项目实践过程中，过程的成本分析是检验项目管理是否正常的一种手段，成本管理理论是根据工程量清单的划分对量差和价差进行对比分析。如何准确地计算收入、归集成本，找出成本控制中存在的薄弱环节并加以改进，才是项目管理者应该去做的事情。

有的项目经理对成本核算没有概念，项目管理过程中对项目的盈亏算不清楚，项目到底是盈是亏没有控制，最后失败就可想而知了。

一、成本管理是项目管理的综合体现

项目成本管理是整个项目管理的综合体现，工期进度、技术质量、安全环保、措施项目、临时工程是影响成本的五要素，人工费、材料费、机械费、分包费、管理费是成本管理的五要素，成本核算和成本分析主要围绕这 10 个要素进行。

二、收入的计算

首先明确四个概念：月度产值；月度工程计量收入；已签认的变更、索赔、合同外收入；未签认的变更、索赔、合同外收入。

1. 月度产值

月度产值是根据本月完成的工程量、合同单价计算得来的，但月度产值不是真正的收入。

2. 月度工程计量

月度工程计量是真正的收入，是根据完成的工程量、合同单价和计量规则来计算，监理、发包人审批后作为付款的依据。

月度工程计量和月度产值相比，会滞后一些，计量是有一定规则的，比如说混

凝土要达到28d强度才可以计量。就是说，虽然项目实际完成了，但根据计量规则不一定能够计量。

一般月度计量收入只能达到月度产值金额的80% ~ 90%。如果不加强工程计量工作，就有可能比例还要低，所以必须重视工程计量工作。

3. 已签认的变更、索赔、合同外收入

已签认的变更、索赔、合同外项目一般在上报进度和计量的时候同期上报。但有的合同规定，变更、索赔在过程中的进度和计量发包人不予确认，等竣工结算审计完成才可以确认。这样，这部分收入对应发生的成本就要进行说明。

合同外收入，最好签订补充合同，不要和变更索赔扯在一起。合同外项目，可以重新组价，可以干也可以不干，承包商的选择权利大一些，谈价的空间也会相对大一些。

4. 未签认的变更、索赔、合同外收入

对未签认的变更、索赔收入，在成本分析过程中，这部分是最难界定的。在很多亏损的项目上，往往用这些不合理的变更索赔项来掩盖项目的亏损。如果存在这方面的变更、索赔就进行详细的分析和说明，并要在以后的工作中加强与监理、发包人的沟通，将变更、索赔尽快确认，争取同期进行进度确认和计量。

三、项目成本归集

项目成本要素繁杂，项目上必须有一个主责部门来牵头，财务部、合约部或项目部的商务经理都可以。一般由商务经理牵头。

成本归集工作必须做到完备、准确、及时，工资单据、出库材料单、机械折旧、配件、租赁费、分包月度结算、管理费支出、税金等都是成本归集的内容，各涉及部门要及时上报相关费用凭证，牵头部门在25号左右进行汇总。

很多项目上，成本汇总不及时，成本要素汇总不全，导致反映出来的成本盈亏起伏变化很大，给项目决策提供失真数据，所以项目上要加强成本核算制度的执行。

1. 分包结算、租赁结算、劳务结算

每月与分包商、租赁商、劳务公司办理结算或预结算，保证这些成本及时计入。

2. 物资出库和盘点

材料员每月及时提供出库清单，并对现场物资进行盘点，保证材料费用及时计入成本。

3. 固定资产

固定资产的折旧按财务规定每月计入成本，机械设备的修理费用、燃油费按每月实际发生计算成本。

4. 工具、器具

按财务规定，及时计入成本。

5. 工人工资

公司自有工人和雇用的工人，每月按发放的工资计入成本。

6. 项目管理费

人事员每月及时提供管理人员工资发放明细，其他的管理费按财务数据计入本月项目成本。

7. 税金

税金按本月完成的收入进行预提。

当月发生的成本必须及时计入，不能办理结算的，可以预结，保证成本计入的完全性和准确性；要分析成本和收入的匹配性，如果存在不匹配，要进行调节或进行说明解释；重视变更、签证的收入和成本的匹配。

四、项目成本分析

项目经理要定时组织项目部各管理部门对项目成本进行分析，根据项目成本偏差找出项目管理的漏洞，以便采取措施。

一般单价要素是容易对比和分析的，资源的使用数量受各种因素影响，应该是成本分析和控制的重点。材料消耗量应该引起高度重视，有的项目成本分析过程上，“亏方”的情况很多。所谓的“亏方”，就是使用的数量大大超出定额的使用量，材料数量发生亏方要及时采取措施，坚决杜绝。

阶段性进度不能按计划完成是成本出现偏差的直接影响因素，项目的进度受内外部条件影响较大，如何有节奏地进行资源投入和分配是项目管理的重点。外部环境，如征地、天气影响等，要充分进行考虑；内部因素，如工序衔接、材料供应、资金等，要统筹进行安排。不能因为盲目地投入资源造成不必要的窝工，也不能因资源不足而影响了工程进度。

工程变更、工序验收等也是影响工程成本的重要因素。工程变更、材料的变更要提前，不能因为变更影响了施工进度的正常进行，耽误了工期，也就影响了项目的成本。要严格保证工程质量。在施工过程中要采取防范措施，消除质量通病，做到工程一次成型，一次合格，杜绝返工现象的发生，避免造成因不必要的人、财、物等大量的投入而加大工程成本。

五、成本和收入的匹配

在月度（或季度、年度）成本分析中，对成本和收入要进行时间点上的统一，这样才能保证成本盈亏分析的准确性。计算收入和成本的工程数量必须统一，这是一个大的基准，需要在分析成本时进行调整，以达到成本和收入的一致性。

变更索赔的收入要及时确认，以便和成本进行匹配。但要清楚的一点是，并非所有的成本增加都是能通过变更索赔来弥补的，能不能索赔成功要看合同的约定。

六、"五个同步"原则

（1）计量产值（对发包人计量）和实际产值是否同步?

（2）计量产值（对发包人计量）和分包计量是否同步?

（3）变更索赔收入和相应的支出是否同步?

（4）材料出库和材料使用量是否同步?

（5）各项支出和财务入账是否同步?

第三节　某高速公路项目成本策划方案

一、项目人员的职责和分工

1. 项目经理的职责

（1）负责本工程项目施工的全面生产、技术、经营工作。

（2）负责本工程项目人员、工程材料、资金等资源的配置，合理组织项目施工，确保总工期的实现。

（3）负责本工程项目的合同管理，确保合同履约率100%。

（4）负责分包商和材料供应商的考核与管理，并负责协调外部关系。

（5）负责分包商的选择、分包价格谈判。

（6）定期检查成本计划的执行情况，并在检查后及时分析，采取措施，控制成本支出，保证成本计划的实现。

2. 项目副经理的职责

（1）负责项目施工资源的调配，合理组织施工现场平行流水作业，及时解决施工干扰，避免人员设备的窝工。

（2）参加工程总体进度计划的编制，具体组织阶段性施工进度计划的实施，并考核各作业队与施工班组计划的实施与完成情况，在进度上节省成本。

（3）负责机械租赁工作，选择适合、低成本的机械设备。

（4）具体分管工程施工管理工作。

3. 项目总工程师的职责

（1）负责施工组织设计的编制，分项工程施工方案、技术交底的审核，主持关键工序施工方案优化及施工工艺的讨论，优化方案，在施工方案上采取简单的施工工艺，宁简勿繁，减少施工成本。

（2）负责审核技术人员开具的完工证，在分包工程量方面做好控制，以节约成本。

（3）总工程师负责模板选型工作，做好预制构件的模板选型及模板的二次利用工作，节约成本。

（4）抓好路基、路面施工的生产调配工作，减少混凝土的浪费及损耗，控制机械台班的使用量，避免出现混凝土质量问题而加大成本。

4. 主办工程师的职责

（1）负责单位工程施工组织设计的编制、分项工程施工方案的编制、工序技术交底的编制工作，工程施工技术的研讨、创新与学习，不断地改进和完善施工工艺，负责路基、路面的技术参数核定。

（2）主办工程师负责所分管分项工程的施工，准确计算完工的工程数量并对签订的分包工程量负责，主办工程师在开具完工证时要谨慎，避免重开、超开。

（3）负责机械设备的选择，选用适合的机械设备，避免窝工及浪费，减少设备停置时间，保证好机械的利用率、完好率和机械效率。

（4）负责检查分包商的施工工艺是否符合设计及规范要求，对负责的施工质量负完全责任。

5. 预算员职责

（1）负责分包单位资质的收集分类，为项目经理提供分包数据。

（2）负责对内、对外工程预决算及合同管理。

（3）负责工程索赔的方案编制及实施。

（4）根据主办工程师开具的完工证书，对分包工程进行结算。

6. 材料员职责

（1）收集工程当地的材料市场价，定期更新材料市场价数据。

（2）负责项目部的物资采购，材料周转管理等。

（3）对收集的材料信息进行筛选，为项目部提供质量合格、价格较低的施工材料，节约成本。

（4）定期进行项目物资成本经济活动分析，提出降低供应、采购成本及管理费开支的建议和措施，以加速资金周转，降低物流费用。

二、确定合理、经济的施工方案

施工方案是项目成本目标实现的最重要的因素，项目部召开施工方案讨论会，集思广益，共同研究，确定合理的施工方案。

1. 模板工程

对于桥涵构筑物工程，可以采用组合钢模板、木模板、定型大片模板三种方案。在保证工期、质量的前提下，确定了以定型组合钢模板为主，木模板、定型模板为辅的方案。

在施工过程中，桥涵构筑物合理安排混凝土浇筑，充分利用桥涵构筑物工作面多的特点，提高模板的周转利用率，降低施工成本。

2. 混凝土工程

对于本工程，混凝土浇筑可以采用溜槽法、吊车吊罐法、输送泵法，根据本工程每段桥涵构筑物现场情况不同的特点，项目部制订了如下浇筑方案：对于施工道路条件好，混凝土运输车能直接开到桥涵构筑物的位置，采用溜槽法浇筑；对于施工道路条件较差，混凝土运输车只能开到桥涵构筑物附近的情况，对于方量较大的浇筑部位，采用输送泵法；对于方量较小的浇筑部位，采用吊罐法。

通过确定合理的施工方案，保证了混凝土的施工质量，提高了施工速度，同时又节约了施工费用。

三、做到施工强度均衡，合理配置资源

依据合同工期及各节点工期，项目部编制了施工进度网络图，对施工强度进行了分析，在保证各节点工期的前提下，尽量做到各月的施工强度均衡，避免出现各月生产强度的大起大落，最大限度地降低施工成本。

通过强度分析，计算确定每天需完成桥涵构筑物的工程数量，以此强度进行人力、机械、模板等各种资源的配置。由于桥涵构筑物路线长、施工面多，安排两个施工队伍同时施工。在施工过程中，项目部以节点工期和关键线路主轴、以浇筑为核心、以开创工作面为手段，合理安排生产，积极调配各种资源，保证工程的顺利进行。

根据施工进度情况、发包人的要求，动态的调整进度计划，并根据进度计划的调整及时调整各种资源，在保证进度、质量目标实现的前提下，降低施工成本。

在施工过程中，每天召开生产协调会，沟通各种信息，总结一天的生产完成情况，遇到了什么困难，研究解决方法；安排布置第二天的生产任务，并将责任落实到每一个人，提高生产效率，避免由于信息不通畅而造成的损失。

四、做好施工工艺的优化

1. 土方工程

做好土方平衡，尽量利用开挖路基时的合格土料，直接运输至已施工完成的桥涵构筑物进行回填。路基开挖时，测量人员跟踪测量，保证开挖路基的线路正确、放坡合理，防止超挖；开挖时配合人工，及时清理沟底的虚土，平整沟底，多余土方由挖掘机清理出路基，做到每挖一段路基、合格一段路基，防止反复开挖、平整，造成人工、机械的浪费。

2. 钢筋工程

在详细研究钢筋图纸的基础上，对每种型号钢筋的下料长度重新核实，然后合理组合、搭配不同型号钢筋进行下料，以减少钢筋的弃料。对于各种钢筋弃料要及

时回收，可以当作架立筋使用，也可以在模板支立时使用。

3. 模板工程

根据确定的施工方法进行模板施工，模板施工时一定要保证模板的强度、刚度、平整度。浇筑时安排木工跟踪检查，防止模板的异动，避免胀模、跑模现象发生。模板施工时，对于螺栓、螺母要及时回收，不可乱扔乱弃。使用吊车吊装模板时，配置充足的木工，以充分提高机械的使用效率。模板拆除后，要及时清理模板上的落灰，并在模板面板上刷机油，加强对模板的保护。

4. 混凝土工程

在混凝土浇筑过程中，避免混凝土落于模板外，尽量减少混凝土的损失。混凝土浇筑完成后，及时清理落地灰，做到活完场地清。如果混凝土强度上来后再清理，将会浪费大量的人工。若浇筑后剩余少量混凝土，可以浇筑几块盖板，不可随意丢弃。

五、机械的优化选择

根据工程的需要，项目部需要配置挖掘机、吊车、压路机等机械。本工程使用的挖掘机主要用于路基开挖、回填。若遇特殊情况，可以短期租用挖掘机；对于自卸汽车，采用短期临时租用的方式。

第十四章
成本管理创新

第一节　项目群管理

对一些大中型的施工企业来说，在某区域实施多个项目已经比较普遍，面对这种情况，传统的项目管理显然无法满足这种形式的需要，必须将一些项目有机组合形成一个新的项目群，从而提高项目管理的效率。

承包商项目群管理是项目管理的一个趋势，项目群管理简单地说，就是根据工程项目的发包人、地域或者工程性质，组建成建制的项目经理部，配备齐全项目领导班子、技术人员、职能人员。

一个项目经理部负责几个项目的施工管理，实现人员、设备、物资的资源共享，发挥成建制项目部的管理优势。

项目群管理要求项目经理有综合协调的管理能力，项目副经理能够独当一面，具备独立管理一个项目的能力；项目职能人员业务能力强，能够同时担任几个项目的职能管理工作；另外，项目群中的每个项目实行独立核算，责任和考核内容要清晰。

项目群管理能最大限度地发挥项目资源共享，也是承包商做大以后，管理项目的一种方式，这是一种项目管理制度的创新。

【例14-1】

高效的组织体系和组织机构的建立能够实现对各种资源的最佳配置，是工程项目顺利实现的必要保障，是项目管理成功的组织保证。

项目经理，由公司副总经理兼任：负责公司在某地区经营、生产和综合协调工作，分管A项目部、B项目部、C项目部和D预制场。全面主持A项目部管理工作。

项目总工程师，由公司副总工程师兼任：负责某地区的施工技术管理工作，包括技术管理、质量管理及信息化管理工作。在项目经理外出时，负责A项目部的日常管理工作。全面负责D预制场的管理工作。

项目部合约副经理，由公司商务合约部副部长兼任：负责某地区的商务合约管理工作，包括工程预算、工程计量、工程变更索赔、合同管理、分包结算等工作。

项目财务总监，由公司财务部副部长兼任：协助公司财务部经理管理某地区的财务工作，兼职A项目部的成本会计。

项目部常务副经理1：在项目经理的安排下，全面负责B项目部的管理工作。

项目部常务副经理2：在项目经理的安排下，全面负责C项目部的管理工作。

第二节　项目成本管理思维

一、管理理念

一张纸、一滴水的节约是一种习惯。有一次去民营一家企业讲课，这家企业是做钢铁的，年利润在50亿元左右，银行没有一分钱的贷款。到了这家企业，感觉到了2000年前的那种办公环境，简朴但不失整洁，墙上贴着节约用电、随手关灯的宣传语。这种节约的理念不是停留在口号上，白天楼道里不开灯，黑乎乎的，感觉有些怪怪的，但我想他们节约成本的理念已经变成了一种习惯。其实，这正是我们很多施工企业所缺少的。

二、管理导向

很多承包商总部管理层过多地关注进度、质量、安全，但对项目成本近乎漠视。项目亏损了，项目经理不但得不到惩罚，有的换个地方继续干，有的反而升了职。管理导向出了问题，接下来的项目还有谁去真正地关注成本问题。越是大型的施工企业越应该重视管理导向，用管理导向去引导正确的行为。

三、执行力

不管是承包商总部对项目部，还是项目部自身的管理，都必须要有强有力的执行力。管理指令如果在项目上得不到落实，项目成本管理就会是一纸空文。

执行力要靠专业的人去完成，因此匹配的项目管理人员、技术人员、分包商是执行力的基础，人的积极性要靠激励考核去激发。

四、各种关系

项目上各种关系错综复杂，都想在项目上分一杯羹，这些关系的介入对项目成本影响比较大。有的分包商的价格可能要比正常的价格高一些，有的分包商根本就不会做项目，干得一塌糊涂。最后，还要承包商来收拾残局，损失一般都是承包商来买单。承包商一定要对各种关系进行权衡！

五、管理模式

对比一下两家施工企业的一些数据和管理模式。

1. 正式职工人数和规模

A集团公司有1万多正式职工，每年500亿的产值。B集团公司有1000多正式职工，每年120亿的产值。A集团下属子公司正式职工1500人，每年产值60亿元。B集团下属的子公司正式职工约100人，每年产值20亿元左右。B集团的下属子公司还有很多合同制职工。

2. 用工模式

A集团基本都是正式职工，B集团有很大比例的外聘人员。B集团外聘人员的工资收入和正式职工相同，但社保等都是按低标准交的。

3. 收入档次

B集团下属子公司的总经理和没有职位的技术管理人员的收入比例为5∶1，差距不是很大。A集团同位置的比例为10∶1，普通职工收入明显偏低。

4. 项目管控模式

A集团公司的项目管控模式是往集团公司收权，集团公司管理力量不足，下属子公司积极性不高，权利职责不清，管理内耗巨大。B集团公司负责定标准、定考核，检查落实，项目管理的权利和责任在子公司，责、权、利相对清晰。

5. 整合资源

A 集团公司对外部的资源整合不强，虽然有一批合格分包商，但缺少大型的战略合作分包商，管理强度大。B 集团公司的分包商除了专业分包商和劳务分包商外，还有一批战略合作伙伴，能够和集团形成战略共同体。

6. 项目考核

A 集团公司有一些亏损项目，对项目经理考核不是很严格，据说是亏了就亏了；对盈利分成执行不严肃，这在一定程度上，影响了项目团队的积极性。

B 集团公司很注重项目的考核体系，执行严格落实，杜绝亏损项目，对政策性亏损的责任划分也相对清楚。

成本管理是施工企业一个永恒的话题，最后和大家总结 5 点：

（1）成本管理是整个项目管理的最终体现，成本管理反映的是一个项目管理的整体水平。

（2）成本管理是一把手工程，需要企业的总经理、项目经理亲自来抓，亲自落实，要作为项目考核和人员绩效考核的主要准绳。成本管理要落实到具体的人身上，这是成本管理的核心。

（3）项目团队的选择要和项目的特点相匹配，项目管理最忌讳中途换将。如果项目团队的质量、数量、能力和团队协作上出现问题，成本管理、项目效益最大化就无从谈起。

（4）成本管理要有一套切实可行的管理标准，可量化、可考核、可追溯。本书中讲到的企业内部定额、限价体系、责任预算、成本预算，都是管理标准的一部分。

（5）管理者要有大成本的意识，大的成本管理取决于管理者决策的水平和能力，具体的成本管理效果需要通过制度、通过考核来解决。

主要参考文献

[1] 成虎，张尚，成于思 . 建筑工程合同管理和索赔 [M]. 5 版 . 南京：东南大学出版社，2020.

[2] 朱晓轩，朱鹤，冯昕玥 . 工程招投标与合同管理 [M]. 2 版 . 北京：电子工业出版社，2017.

[3] 戴望炎，李芸 . 建筑工程定额与预算 [M]. 南京：东南大学出版社，2018.

[4] 欧阳洋，伍娇娇，姜安民 . 定额编制原理与实务 [M]. 武汉：武汉大学出版社，2018.

[5] 王瑞镛，邬敏等 . “新基建”新工程咨询服务导论：模式与案例 [M]. 北京：中国建筑工业出版社，2020.

[6] 曾金应 . 全过程工程咨询服务指南 [M]. 北京：中国建筑工业出版社，2020.

[7] 张朝勇 . 建筑企业项目群管理模式研究 [M]. 保定：河北大学出版社，2019.

[8] 季更新 . 全过程工程咨询工作指南 [M]. 北京：中国建筑工业出版社，2020.

[9] 匡仲发 . 建设项目成本管理与控制 [M]. 北京：化学工业出版社，2019.

[10] 马力，崔文波 . 建设工程商务谈判 [M]. 北京：化学工业出版社，2018.